名校名师**通识教育**
新形态系列教材

李亮 王建东

大学生
创新思维与创业
实践 _{慕课版}

人民邮电出版社
北京

图书在版编目（CIP）数据

大学生创新思维与创业实践：慕课版 / 李亮等主编.
北京 ： 人民邮电出版社，2025. --（名校名师通识教育
新形态系列教材）. -- ISBN 978-7-115-67532-3

Ⅰ. B804.4；G647.38

中国国家版本馆 CIP 数据核字第 2025JZ1921 号

内 容 提 要

本书是一本旨在培养大学生创新思维与创业实践能力的教材。全书共 8 章，主要包括创新基础理论、创新思维、设计思维、发明问题解决理论（TRIZ）、创新项目开发、创业基础知识、创业实践，以及智能时代的商业热点等内容。

本书不仅知识讲解细致，还提供了大量的案例供学习、参考，有助于引导大学生树立创新意识，培养大学生的创新思维，帮助大学生合理规划自己的创业梦想。

本书可以作为高等院校大学生创新创业类课程的教材，也可供有志于创新创业实践的社会人士参考。

◆ 主　编　李　亮　王建东　韩思齐　吴　优
　　责任编辑　任书征
　　责任印制　陈　犇

◆ 人民邮电出版社出版发行　　北京市丰台区成寿寺路 11 号
　　邮编　100164　　电子邮件　315@ptpress.com.cn
　　网址　https://www.ptpress.com.cn
　　三河市中晟雅豪印务有限公司印刷

◆ 开本：787×1092　1/16
　　印张：11.5　　　　　　　　2025 年 8 月第 1 版
　　字数：278 千字　　　　　　2025 年 8 月河北第 1 次印刷

定价：49.80 元

读者服务热线：(010)81055256　印装质量热线：(010)81055316
反盗版热线：(010)81055315

当今时代，创新进一步成为推动社会进步和经济发展的核心动力。创新思维是开启创新大门的钥匙，每一次科技革命与社会变革的背后，都闪耀着创新思维的光芒。

大学生作为未来国家建设的中坚力量，肩负着推动国家创新发展的重任。在复杂多变的全球竞争环境中，大学生不仅需要掌握扎实的专业知识，更要具备创新思维与创业实践能力，只有这样才能有效应对各种挑战。为了满足大学生创新思维培养和创业实践的需求，我们特编写了本书。

本书致力于通过系统的理论讲解、丰富的案例分析和实用的实训练习，助力大学生培养创新思维，掌握创新方法，提升创业实践能力，并将其运用到实际问题的解决中。无论是设计开发产品、开发项目，还是实现从创新到创业的跨越，本书都提供了详尽的指导和实践路径。

本书具有以下特色。

1. 内容系统全面

本书共8章，以创新开篇，重点介绍了创新思维培养等内容，并援引大量资料，对产品开发、产品创新等全流程进行阐述和演示；再从创新成果转化到创业活动开展，探讨了从创新到创业的实践路径，逻辑严谨、层层递进，构建起完整的创新创业知识体系。

2. 案例丰富多样

本书收录了大量来自不同行业、不同规模的企业及不同层次的高校的真实案例，涵盖企业发展、个人成长和校园实践等多个方面。这些案例紧密结合知识点，生动呈现了创新与创业过程中的成功经验和失败教训，能够给予大学生宝贵的启示。

3. 实践特色突出

创新离不开实践。本书注重理论与实践相结合，在每章中穿插了多个"能力提升训练"板块，并在章末设置了"本章实训"板块。同时，本书还介绍了众多大学生参加创新创业大赛的项目案例，旨在鼓励大学生积极参与大赛，以赛促学，实现知识的融会贯通，切实掌握创新创业方法，提升创新创业能力，从而更好地解决学习、生活和未来工作中遇到的问题，真正做到知识积累与能力提高并重。

4. 融入跨学科视角

本书充分考虑到创新创业知识与案例的复杂性与多样性，参考了大量的资料，融入了经济学、管理学、心理学、法学、语言学等领域的知识。在编写本书的过程中，编者尽量使用通俗易懂的语言，将知识化繁为简，以减少阅读障碍。无论是初次接触创新创业领域的人，还是已经在创新创业道路上前行的人，都能从本书中受益。

创新创业之路布满挑战，也蕴藏着无限机遇。希望有志于创新创业的大学生能在本书的引导下，勇敢地推开创新创业之门，开启属于自己的创新创业之旅。

在编写本书的过程中，编者参考了大量关于大学生创新创业的资料，以及一些专家学者的理论和观点，在此谨向这些资料的作者和理论、观点的提出者致以诚挚的谢意！

李 亮

2025年5月

使用指南

为了开拓读者的知识视野、提升学习体验，本书打破了传统纸书的限制，以二维码链接等形式提供了多样的知识拓展资料、能力测评方法和创新创业实践案例。

知识拓展资料

针对书中的重点知识，编者提供了相应的知识拓展资料，读者扫描书中的二维码即可获取。知识拓展资料清单见表1。

表1　知识拓展资料清单

序号	名称	页码
1	新型职业信息	8
2	思维导图	27
3	邦加德问题的答案	44
4	微信早期的开发路径	57
5	微信中后期的迭代路径	65
6	39个通用技术参数	78
7	40个发明原理	79
8	矛盾矩阵	80
9	76个标准解法	84
10	运用SWOT分析法的案例	99
11	香飘飘的商业模式画布	136
12	商业计划书模板	146
13	路演PPT推荐模板	147

能力测评

为帮助读者更好地了解自身能力，顺利开展创新与创业实践，编者提供了多个能力测评，读者扫描书中的二维码即可获取。能力测评清单见表2。

表2　能力测评清单

序号	名称	页码
1	创新灵感测试	17
2	共情力测试	40
3	创业资质与能力测评	123
4	贝尔宾团队角色自我测评	130

创新创业实践案例

为帮助读者更好地了解创新创业实践的过程，编者提供了创新创业实践的案例。创新创业实践案例清单见表3。

表3　创新创业实践案例清单

目 录

第1章

推开新时代创新之门

情景导入

　　进入大学后，215宿舍始终保持着每周共同观看新闻和"围炉夜话"的习惯。"我国生成式人工智能蓬勃发展，用户规模超6亿人，逐渐融入人们的生活……"从新闻报道中，215宿舍深刻感受到了智能时代的热潮，他们既惊叹于科技的日新月异，又不免心生疑虑——在智能时代，人类的角色将如何定位？确切地说，大学生怎样才能在智能时代找到一条契合自身发展的道路呢？基于此，215宿舍你一言我一语，展开了别开生面的讨论，思维的火花在空气中不断碰撞、交织……

本章导读

本章将带领大学生走进创新的世界，从人类社会的重大创新出发，深入剖析创新的本质与过程，探讨人工智能对创新的影响及智能时代下创新的意义，梳理创新所需的核心能力。通过学习本章内容，大学生能更清晰地认识创新的意义和影响，从而更加积极地投身于创新实践。

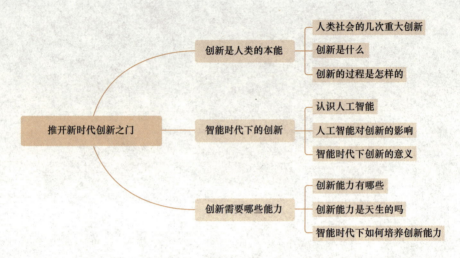

1.1 创新是人类的本能

创新是人类的本能，是一种自发性目的或者冲动，驱使着人类不断去探索新的解决方案，以改善自己的生存状况。

1.1.1 人类社会的几次重大创新

纵观人类社会发展史，重大创新层出不穷，一次次推动着文明的进步。

在农业时代，农业技术的革新尤为关键。从简单的刀耕火种到先进的灌溉系统与耕种技术，这些技术极大地提高了农作物产量，使得人类得以从游牧生活逐渐转向定居，形成大规模的农业聚落，这为文明的繁荣奠定了坚实的物质基础。

蒸汽机的发明引发了第一次工业革命，工业时代就此到来。机器生产代替手工劳动，工厂制度兴起，生产力实现了前所未有的飞跃，人类社会进入了高速发展的轨道。

紧接着，电力的广泛应用催生了第二次工业革命，电灯驱散了黑暗，让城市在夜晚也充满生机；电话和电报打破了距离的限制，使信息可以跨越千里快速传递，深刻改变了人们的生活和交流方式。

进入信息时代，计算机与互联网的出现成为最具影响力的创新。从早期体积庞大的计算机发展到现在轻薄便携的智能设备，互联网连接全球，实现了信息的瞬时传递，彻底变革了人们的生产、生活方式及学习模式。移动互联网和智能手机的普及使信息传播和交流变得前所未有的便捷。

如今，人工智能成为新一轮产业革命的核心驱动力，正引领各行业进行智能化升级。智慧医疗借助智能算法精准诊断疾病，智能制造依托机器人实现高效生产，智慧交通利用大数据优化出行方案——人工智能为人类社会的发展开启了全新的篇章。

我们生活在一个创新无所不在、无时不在的社会里。创新贯穿于人类产生、存续与发展的全过程。可以说，人类的发展史，就是人类的创新史。

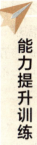

能力提升训练

人类是十分善于运用和改进工具的族群，我们使用的工具或设备大都有创新之处。这些创新不仅改善了我们的生活质量，也提高了效率，提升了便利性。你能举几个这样的例子吗？

_____

_____

1.1.2　创新是什么

"创新"是一项古已有之的活动，"创新"一词在我国亦早有记载，如《魏书》中的"革弊创新"，《周书》中的"创新改旧"，等等。我国古代的百科词典《广雅》将"创"释义为"始也"，将"新"释义为"与旧相对"，从这个层面来看，创新包含了一种"新的开始"的意义。

英语中的"innovation"（创新）一词，最初起源于拉丁语"innovare"（改变，更新），其词源为"in"（进入）和"novus"（新的）两部分，因此"innovation"的本意是"在已有事物中引入新的事物"。

创新被当作一种理论，则是在20世纪。1912年，美国经济学家约瑟夫·熊彼特在其著作《经济发展理论》中将创新引入经济领域，首次系统地阐述了创新的概念。熊彼特认为"创新"是指把新的生产要素和生产条件重新组合后引入生产体系，即"建立一种新的生产函数"。熊彼特还从企业的角度提出了创新的5个方面。

（1）**产品**：开发一种新产品。

（2）**生产**：引入一种新的生产（工艺）方法等。

（3）**市场**：开辟一个新的市场。

（4）**资源**：获得新的原材料或者半成品的供应来源。

（5）**组织**：实现任何一种工业的、新的组织形式。

熊彼特的创新理论强调了创新作为经济增长驱动力的核心作用，对后续的经济学研究、企业管理理论及政策制定产生了深远的影响。但他强调的创新实际上是企业创新，是企业家依靠个人素质主导的创新，并没有概括或替代一切创新行为。

我国在20世纪90年代就把"创新"一词引入科技领域，形成了知识创新、科技创新等理念；进而又将其扩展到社会生活的各个领域，形成了观念创新、经济创新、商业创新、艺术创新、娱乐创新、通信创新等理念。

1.1.3 创新的过程是怎样的

创新是一个系统性的、持续的、需要多阶段协同推进的过程，通常包括怀疑并发现问题、提出构想、迅速行动、不断迭代验证4个阶段。

1. 怀疑并发现问题

创新的源头常是对现有状况的不满。此阶段要求创新者具备敏锐的洞察力，从不同视角审视事物，对现状进行质疑与深入观察，从而识别出存在的问题或尚未被满足的需求。以大疆的创始人汪滔为例，他学生时代就对遥控直升机满怀兴趣，在他的想象中，遥控直升机像一个可以随意操控的精灵，能悬停在空中不动，也可以想飞到哪里就飞到哪里；但实际上他发现当时市场上的大部分航拍设备存在操作复杂、飞行不稳定等弊端。

2. 提出构想

一旦确定了需要解决的问题，下一步就是提出构想。这要求创新者进行创造性活动，以提出一种或多种具有创新性的构想。这些构想可能借鉴于他人的成功经验，也可能源于虽未经证实但极具吸引力的新观念。针对当时市场上的航拍设备存在的问题，汪滔和他的团队提出了一种大胆的构想：开发一款能够自动稳定飞行的无人航拍器。该航拍器不仅便于操控，还能提供高质量的拍摄效果，可以解决普通用户和专业摄影师在航拍过程中面临的诸多难题。

3. 迅速行动

有了初步的构想只是开端，更为关键的是要迅速将构想转化为实际的产品或服务。这个阶段格外强调快速执行，唯有如此，才能尽快测试构想的实际可行性和效果。在提出初步构想后，汪滔和他的团队立即付诸行动，研发出一款集成高精度传感器和先进飞控算法的原型机。这款原型机不仅飞行稳定，操作界面也相对简单，极大降低了用户的使用门槛。

4. 不断迭代验证

创新的最后一个阶段是基于用户反馈和市场反应不断改进产品或服务，这包括测试、学习、调整和优化，直到取得满意的结果为止。汪滔和他的团队没有止步于首次成功。他们根据早期用户的反馈不断改进产品，为产品增加了更多功能，如避障系统、更高分辨率的相机等，并持续优化用户体验。例如，"精灵"系列无人机经过多次迭代，从最初的简单航拍工具发展成集多种高级功能于一体的综合平台。此外，大疆还在全球范围内推广其产品和技术，不断通过市场验证和用户反馈对其产品和技术进行调整和优化。

案例分析

京东京造的品牌创新过程

传统制造型企业在向线上电商转型的过程中，大都面临着相似的困境：处于产业链上游的制造商往往专注于自己的专业领域和定位维度去生产产品，难以准确根据用户的真实需求进行产品研发与设计。这种生产端与消费端之间的隔阂，导致产品设计准确率与成功率低下，利润微薄。

为了解决这一问题，京东于2018年推出了自有品牌——京东京造，以"好生活选京造"为品牌口号，旨在通过品牌创新拉近用户和制造商之间的距离，减少不必要的中间环节，提高整条供应链的效率。京东京造主要针对中等收入群体，旗下产品有两个方向：一是"高端产品的大众化"，二是"大众产品的品质化"。

京东京造提出了独特的合作模式——"你做工厂，我做市场"，即让制造商专注于生产和质量控制，而将市场营销等任务交给京东负责。这种分工明确了双方的责任，提高了效率，并降低了制造商的风险。此外，京东京造还做出了"刚兑"保证——确保不退货、不延迟付款、不让制造商亏钱，以增强制造商的信心，促成长期稳定的合作关系。

点评

京东京造的品牌创新过程是对传统制造型企业在转型为线上电商时面临的困境的一次有力回应。通过打造自有品牌等措施，京东京造成功地拉近了用户和制造商之间的距离，提高了整条供应链的效率，为用户提供了高品质、高性价比的产品和服务。

1.2　智能时代下的创新

前三次工业革命分别实现了机械化、电气化和信息化，由人工智能等技术驱动的新一轮产业革命则将实现智能化。人工智能作为新一轮产业革命的代表性技术和通用性技术，具有广泛渗透性，会对人类科技、经济和社会发展产生革命性影响。

1.2.1　认识人工智能

人工智能（Artificial Intelligence，AI）是研究开发能够模拟、延伸、扩展人类智能的理论、方法、技术及应用系统的一门新的技术科学，其研究目的是促使智能机器会听、会看、会说、会思考、会学习、会行动。相较于传统的技术创新，人工智能不是对人类体力的突破与超越，而是对人类智慧的体外拓展与延伸，尤其在自我学习与进化的能力上，它超越了传统信息技术的界限。

我国的人工智能尽管起步相对较晚，却实现了高速的发展。

（1）**早期（2004年及以前）**：人工智能的研究侧重于学术交流与政策引导，往往以创办学术刊物、召开学术会议等方式进行。

（2）**全面发展期（2005—2021年）**：人工智能的研究逐渐从基础研究层面转向更加多元的专用人工智能研究领域，如自然语言处理、语音识别与合成、智能视觉、智能机器人、认知计算等。

（3）**高速发展期（2022年以来）**：我国人工智能的研究热点转向生成式人工智能与通用人工智能。海量的数据资源、雄厚的研究基础和发展迅速的配套教育为人工智能的快速发展奠定了坚实基础，国内的AI大模型（如文心一言、Kimi、DeepSeek等）如雨后春笋般涌现并被广泛应用，展现出数据驱动、泛在应用的智能互联网新生态。

1.2.2　人工智能对创新的影响

当前，人工智能除了应用在常见的智能推荐、无人驾驶、人脸识别、图像识别、机器翻译、人机交互、语音识别等社会生活场景外，还在新药研发、材料设计、国防军工等领域有突破性的发展。最为重要的是，人工智能拥有自我学习、自我进步的能力，可以通过学习不断升级，是一种新的、正在不断发展的生产力，它将对人类的创新产生重大影响。

1. 人工智能对个人创新的影响

人工智能对个人创新的影响主要体现在以下3个方面。

（1）促进创新思维的发展

通过机器学习和深度学习算法，人工智能能够处理并分析大量的数据，从中挖掘出隐藏的关系、模式和趋势。这些洞察往往超出人类的直观感知，能为个人提供全新的视角和思考维度，从而激发灵感，促进创新思维的发展。

（2）提升工作效率与创新效率

人工智能在执行重复性和烦琐任务方面的优势使得个人可以将更多时间和精力集中在需要发挥判断力和创造力的任务上。自动化测试框架、智能设计软件等工具不仅减少了人为错误的可能性，还极大地提高了工作效率。此外，在产品开发过程中，快速迭代原型的能力对于加速创新至关重要，人工智能能够显著缩短从概念到实现的时间周期。

（3）拓宽个人创新边界

借助人工智能，诸多曾经仅对专业人士开放的领域，如今非专业人士也能轻松涉足。例如，Cursor简化了编程流程，让非技术背景的人员也能参与软件开发工作，降低了行业准入门槛。不仅如此，人工智能还成为跨领域融合的催化剂，不同背景的个人因人工智能汇聚在一起，发挥各自专长，在思维的交流与碰撞中，常常能激发出前所未有的创新解决方案，从而将个人创新的边界拓展到更为广阔的天地，让个人有机会在全新的领域探索、实践，创造出具有突破性的成果。

2. 人工智能对企业创新的影响

人工智能对企业创新的影响主要体现在以下两个方面。

（1）数据成为新的生产要素

人工智能的发展使得企业的生产要素结构发生了根本性转变，数据作为一种新的生产要素，必将带来生产结构质和量的调整。企业及时调整生产要素结构，打破生产投入固化状态，成为实现创新的一种重要方式。人工智能利用大数据，通过机器学习可以快速做出分析，及时、精准识别用户需求，并实现实时生产、精细管理及柔性定制，从而大幅提升企业竞争力。

（2）促进企业降本增效

阿里研究院高度关注企业对人工智能的应用，并持续对中小企业的人工智能使用情况进行调研。结果显示，约74%的受访企业认为生成式人工智能的应用效率相当于1个人的工作产出，约64%的受访企业认为人工智能节约的成本或产生的收益在5000元/月以内。

在应对高重复性、可编码性工作时，人工智能的优势更加显著。例如，工业机器人能够替代人类完成劳动时间长、简单重复的任务，以及高精度、高速度的操作工作。随着其成本不断降低，工业机器人有望得到更广泛的应用，推动生产方式发生革命性变化。此外，以DeepSeek为代表的生成式人工智能不仅能够胜任企业客服等基础智力工作，还能应用在程序编写、艺术创作等领域，这进一步提升了企业的生产效率。

3.　人工智能对产业创新的影响

人工智能对产业创新的影响主要体现在以下两个方面。

（1）实现智能化生产

人工智能通过整合硬件、软件、数据、网络、感应器等，可以实时采集生产服务过程中产生的海量数据，进行智能分析和决策优化，实现个性化设计、柔性化制造、网络化生产，从而促进产业创新。

（2）创造新的经济业态和新兴产业

人工智能的核心技术可归纳为机器学习、计算机视觉、自然语言处理、生物识别技术、人机交互技术、机器人技术、知识图谱技术和虚拟现实/增强现实/混合现实八大类技术，不同属性的技术构成相应技术集群，形成分别以识别、交互和执行为主题的经济业态和新兴产业。

1.2.3　智能时代下创新的意义

2024年，诺贝尔奖三大自然科学奖项中的两项授予了与人工智能相关的研究，这一结果掀起了巨大波澜。当今世界，新一轮产业革命浪潮汹涌，人类文明演化进程加速，社会发展比以往任何时期都更需要创新驱动。

1.　实现差异化竞争

许多传统工作，如制造业中的流水线工作和数据处理领域的简单工作，正逐渐由自动化设备和算法完成。智能时代的竞争已从单纯追求效率的竞争转向更注重差异化的竞争。唯有通过创新，企业和个人才能创造独特价值，满足多元化的消费需求，从而在市场中脱颖而出。

2.　应对未来的不确定性和挑战

当今时代，知识更新与技术迭代加速，充满了未知和变数。创新意味着主动学习、接受挑战、提升能力，以积极的姿态应对未来的不确定性。创新能帮助企业和个人发现新问题、捕捉新机遇、提出新方案，让其在变化中保持竞争力。

3.　国家发展战略的重要支撑

与人工智能相关的技术大都处于科学知识突飞猛进的领域，这些领域是最有希望带来技术革命与产业变革的领域。近年来，我国政府明确提出要加快发展战略性新兴产业和未来产业，这些产业的重点突破有望实现产业技术的赶超，因而这些产业是国家发展战略的重要组成部分。为此，需要加强战略性新兴产业和未来产业领域的技术创新，加大基础研究力度，从源头上实现重大突破。

4.　展现人类核心优势

创新是人类独有的特质，也是将人类与人工智能区别开来的核心优势。当下，人工智能在完成某些特定任务的表现上已然超越人类，且随着其飞速发展，其在创造领域也将展现出更强的能力并不断替代人类完成工作。创新让企业和个人孕育新思想、探寻新方案、创造新价值，确保人类在科技浪潮中保持引领地位。在未来竞争中，能够与人工智能协同工作、具备创造性思维和创新能力的人才具有不可替代的价值。

能力提升训练

在全球技术冲击和产业变革的背景下，智能时代正加速到来，在这个过程中，人们的生产和生活发生了巨大变化，产生了许多新的业态和职业。

扫一扫

新型职业信息

大学生终将会就业、创业，所以，大学生必须科学理性地判断智能时代下就业、创业形势的新变化，并积极思考应对之策，做出有利于自身发展的选择。

关于智能时代的思考问题如表1-1所示，大学生不妨借助这些问题，认识自己即将面临的机遇与挑战，提升自己的能力，从而更好地适应时代的需求，成为未来社会的栋梁之材。

表1-1　关于智能时代的思考问题

维度	思考问题
知识与技术	哪些人工智能技术是当前和未来社会最需要的
	如何系统地学习这些技术，并通过实践项目加深对这些技术的理解和应用
跨学科思维与能力	人工智能如何与其他学科（如医学、金融、教育等）结合，创造出新的价值
	如何增加在多个领域的知识储备，以应对复杂多变的问题
创新思维与批判性思维	在智能时代，如何培养创新思维，与时俱进
	如何培养批判性思维，以识别和应对技术变革带来的潜在风险
持续学习与适应能力	在人工智能快速发展的背景下，如何保持持续学习的态度，跟上技术变革的步伐
	如何应对技术变革带来的职业转型、行业变革等压力
	如何培养适应性和韧性，以应对未来的不确定性

根据表1-1及你的思考，在智能时代，你较为关注的问题是＿＿＿＿＿＿＿，因为＿＿＿＿＿＿＿＿＿＿＿＿＿＿＿＿＿＿＿＿＿＿＿＿＿＿＿＿＿，

为此，你需要提升自己的＿＿＿＿＿＿＿＿＿＿＿＿＿＿＿＿＿＿＿＿能力，方法是＿＿＿＿＿＿＿＿＿＿＿＿＿＿＿＿＿＿＿＿＿＿＿＿＿＿＿＿＿＿。

1.3　创新需要哪些能力

创新能力是指创新者从事创新活动的能力，是运用一切已知信息，包括已有的知识和经验等，创造某种独特、新颖、具有社会或个人价值的产品的能力。对于大学生而言，创新能力有哪些？如何培养创新能力呢？

1.3.1　创新能力有哪些

每个人的创新能力都不同，但创新能力通常涵盖表1-2所示的多种能力。这些能力能

够代表大多数人的创新能力结构，综合起来可以较为全面地描绘出一个人的创新能力。

表 1-2 创新能力的种类

能力	解释
学习能力	获取、掌握知识、方法和经验的能力，包括阅读、写作、理解、表达、记忆、搜集资料、使用工具、对话和讨论的能力
分析能力	把事物的整体分解为若干部分进行研究的能力
综合能力	强调把研究对象的各个部分组合成一个有机整体进行考察和认识，是将事物的各个要素、层次用一定线索联系起来，以发现其本质关系和发展规律的能力
想象能力	以一定知识和经验为基础，通过直觉、形象思维或组合思维，不受已有结论、观点、框架和理论的限制，提出新设想、新创见的能力
批判能力	批判性地、选择性地吸收和接受知识与经验，去粗取精、去伪存真的能力
实践能力	产生创造发明成果只是创新活动的第一阶段，要使成果得到承认、传播、应用，实现其学术价值、经济价值和社会价值，则必须和社会打交道，实践能力就是为实现这一目标而进行各种社会实践活动的能力
组合能力	将某事物与其他事物组合联想，通过不同的组合方式激发发散思维的能力
组织协调能力	通过合理调配系统内的各种要素，发挥系统的整体功能，以实现目标的能力。对于创新者来说，要完成创新活动，就要协调各方。当拥有一定资源时，就可以通过沟通、说服、资源分配和荣誉分配等手段来组织协调各方以最终实现创新目标

1.3.2 创新能力是天生的吗

在心理学领域，创新能力一直是学者们研究的热点，学者们主要有以下几种观点。

● 英国"差异心理学之父"弗朗西斯·高尔顿认为创新能力来源于遗传。

● 以奥地利心理学家弗洛伊德为首的精神分析学派强调创新能力是个体与无意识心理活动进行对话和合作的产物。在这一理论中，梦境、自由联想和艺术创作都被视为无意识心理活动的体现，它们在创新能力的生成中扮演着重要角色。

● 格式塔学派提出创新能力来源于顿悟，即突然间对问题有了全新的理解和解决方案。这一过程往往难以预测，且在瞬间发生，显示出创造性思维的非线性和跳跃性的特征。

● 美国心理学家吉尔福特提出了智力的三维结构模型，他认为创新能力是智力结构的一部分，是每个人固有的潜能，可以通过适当的教育和训练得到提高。

这些观点各有侧重，但共同点在于它们都试图解释创新能力的来源和机制。长久以来，人们一直对创新能力的来源持有不同的观点：一些人认为创新能力是与生俱来的，而另一些人则坚信它可以通过后天的学习和培养获得。

为了深入探究这一议题，莫顿·列兹尼科夫和乔治·多米诺等科学家曾对117对15～22岁的同卵和异卵双胞胎进行了创新能力培养的实验。实验结果表明：遗传因素在创新能力中仅占约1/3，其余约2/3的创新能力可以通过理解创新技能、熟练应用创新技能获得，也就是说人类约2/3的创新能力可以通过后天培养获得。这一发现无疑为那些渴望提升创新能力的人带来了极大的鼓舞和希望。

事实上，创新能力是多因素共同作用的结果，这些因素包括但不限于遗传、经验、智力、个性品质、环境、教育及个人的思维习惯和心理状态等。在培养创新能力时，我们需要综合考虑各种因素的作用和影响，从而更好地促进个体创新能力的发展。

1.3.3　智能时代下如何培养创新能力

在智能时代，创新能力愈发重要。既然创新能力不完全是天生的，而是能够通过后天培养获得的，那么大学生就可以从多个方面着手培养自己的创新能力。

1. 学习与机器协作及培养高阶思维

在智能时代，机器的作用日益凸显。首先，大学生要学习如何与机器协作，充分发挥其优势。其次，要培养高阶思维，如计算思维、创新思维、互动和合作思维等，这能帮助大学生在复杂的信息环境中有效地思考和解决问题。

2. 学会知识的迁移和信息的处理

培养运用核心知识的能力，做到举一反三，以便更好地应对不断变化的挑战。同时，随着机器智能的发展，信息的生产主体由人拓展到人与机器。由于机器存在预设性、机械性等特点，其产生的信息的准确性难以得到保障。加之媒体技术的进步使信息传播门槛降低，大量不同水平和来源的信息混杂在一起，因此，对这些信息进行过滤、筛选、理解、分析、综合和判断成为大学生应该掌握的技能。

3. 开展单项能力训练并了解不同领域的知识

创新能力是多种能力的组合，大学生通过主动训练自己的观察力、记忆力、想象力等可以有效地培养创新能力。同时，在智能时代，各种领域的知识已经相互交融，创新通常出现在不同领域的交汇处，因此了解不同领域的知识也是非常重要的。

4. 重视知识积累

知识是创新的基础，大学生需要丰富自身的知识储备，完善自身的知识结构，这样才能够更好地进行创新活动。

5. 培养系统的思维

系统的思维是建立在对多领域的知识有充分认识的基础之上的思维，它能最大化地扩展大学生的视角，使大学生对全局有充分的认识，从而在更高的层面上调整、规划、开展创新活动。

6. 勇于自我批评

对自己做出正确的评判，有利于大学生在实践中不断提升创新能力。大学生应该勇于自我批评，客观地认识到自己的不足。只有不断发现并改进自身的问题，才能实现自我提升，从而更好地开展创新活动。

本章实训

在科技高速发展的背景下，人工智能已成为推动社会进步和产业革新的关键力量。本章实训旨在通过实践的方式，引导大学生深入探索人工智能的应用与创新，理解其对传统行业的影响与带来的变革，培养大学生在智能时代的创新思维、技术应用能力及就业、创业竞争力。

1.　确定创新领域。

（1）搜集与人工智能相关的行业发展趋势、大众媒体信息、市场信息、流行的产品和服务等信息，找出符合发展大趋势、处于前沿的创新领域。

_____
_____
_____
_____

（2）通过问卷调查、深度访谈等方式，了解市场需求，思考其如何与人工智能结合。

_____
_____
_____
_____

（3）结合行业发展趋势和市场需求，预测未来的市场增长点和潜在机会。

_____
_____
_____
_____
_____

2.　进行政策收集与分析。

（1）通过全国大学生创业服务网、政府官方网站、学校官方网站、学校就业指导部门等途径搜集并整理大学生创新创业与人工智能的优惠政策。

_____
_____
_____
_____
_____
_____
_____
_____

（2）形成政策分析报告，明确可享受的政策红利、申请流程和所需材料。

_____

3. 完成项目策划与设计。

4. 思考项目的优势、可能遇到的问题及如何解决这些问题。

延伸阅读与思考

并行科技：长期主义者的胜利

2007年，在北京的一间不起眼的办公室里，一群怀揣梦想的年轻人聚集在一起，他们共同的目标是利用高性能计算技术改变科研和企业的未来，这群人中就有并行科技的创始团队。当时，中国的超算领域还处于起步阶段，市场上缺乏成熟且易于使用的超算云服务。

创业初期，并行科技面临着诸多挑战。首先，超算云服务的概念在国内并不普及，很多人对其持怀疑态度。其次，作为一家初创企业，并行科技需要与资金雄厚的大企业竞争。面对这些挑战，并行科技的创始团队没有退缩。他们坚信，随着数据量的爆炸式增长和技术的进步，超算云服务将成为不可或缺的基础资源。因此，他们积极地向学术界、工业界及政府机构推广他们的理念和服务。

为了打破市场壁垒，并行科技采取了多种策略。他们通过举办研讨会和技术交流活动，邀请国内外专家分享最新的研究成果，逐渐建立起良好的口碑。同时，他们主动寻求与高校和研究机构合作，提供免费试用期，让用户亲身体验超算云服务带来的便捷和高效。并行科技的超算云服务因此得到了越来越多的认可和支持。

随着大数据时代的到来，各行各业对于具有强大计算能力的产品的需求日益增长。并行科技凭借多年积累的技术优势和丰富的行业经验，迅速抓住了这一机遇。企业加大了研发投入，推出了更加智能和灵活的解决方案，并在分布式超算集群和算力资源网络等方面取得了突破性进展。与此同时，并行科技积极参与国家重点研发计划项目，这进一步巩固了其在业界的地位。

2023年，ChatGPT引发了AI创业的热潮，根据国际数据公司IDC的预测，全球AI计算市场规模将从2022年的195亿美元增长至2026年的346.6亿美元，中国市场的增长速度更是惊人。生成式AI成为驱动互联网、制造、金融、教育、医疗等行业当下与未来创新发展的重要引擎。

如果说数据是AI模型的"燃油"，那算力就是AI模型的"发动机"。算力能利用海量的数据搭建起精确的AI模型，并对其进行复杂的模拟训练。并行科技在分布式超算集群、算力资源网络、AI算力调优等领域积累了多年经验，参与了多项国家重点研发计划，还与华为等行业巨头达成了合作，这进一步拓展了其市场边界，深化了其在AI智算领域的布局。

得益于AI云和行业云的双重发力，并行科技在2023年实现了营收的激增，营收达到4.96亿元，同比增长58.5%，其中核心业务超算云服务营收为4.14亿元，同比增长55.0%。同年11月1日，并行科技成功登陆北京证券交易所，成为"中国算力运营第一股"。因高额的研发费用、管理费用和销售费用，一直到上市，并行科技都还处在亏损状态。2024年一季度，并行科技营收增长32.9%，首次实现赢利。随着用户和业务量的激增，边际成本的大幅度下降，并行科技未来的营收将更加可观。

> **问题**
> 1. 并行科技直到上市都还处于亏损状态，为什么北京证券交易所能让其上市呢？
> 2. 你如何理解标题中的"长期主义者的胜利"？这给你带来了什么启示？

第2章

突破你的思维界限

情景导入

    意识到创新在智能时代的重要性，215宿舍决心投身于创新实践，却感到无从下手。恰在此时，学校即将筹备创新创业大赛的消息传来，215宿舍难抑兴奋，希望借此机会一展身手。但创新之路荆棘丛生，他们的创意与其他团队相似，因此他们的方案因缺乏新意而黯然失色。学校了解到这一问题后，组织了一次思维拓展训练。在一次次趣味游戏和案例分析中，215宿舍萌生了许多天马行空的想法。训练结束后，他们惊喜地发现，当思维不再受限，那些曾被视为不切实际的创意竟都潜力无限。经过一段时间的技术攻坚，215宿舍信心满满地提交了作品。

本章将带领大学生学习创新思维的相关知识。通过学习本章内容，大学生能更有力地突破思维的界限，提升创新思维运用能力，在生活和学习中运用创新思维解决实际问题。

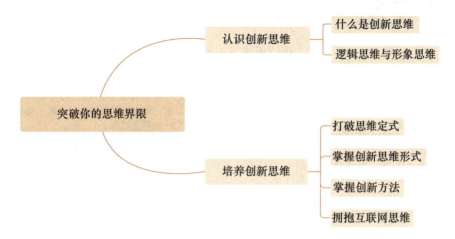

2.1　认识创新思维

创新是一个民族进步的灵魂，是一个国家兴旺的不竭动力。然而，当切实进行创新实践时，为何有人得心应手，有人却无从下手？这与个体的创新思维息息相关。

2.1.1　什么是创新思维

思维是人类具有的高级认识活动和智力活动，是人脑对外部信息和内部信息进行加工的一种特殊活动，可以帮助人类探索和发现事物的本质与规律。

创新思维是思维的一种形式，是以新颖、独创的方法解决问题的思维。这种思维不受现成、常规思路的约束，能让人以超常规甚至反常规的方法或角度思考问题，并提出与众不同的解决方案，从而产生新颖、独到、具有社会意义的思维成果。

创新思维不是单纯依靠现有知识和经验的抽象与概括，而是在现有知识和经验的基础上的想象、推理和再创造。

总体来说，创新思维主要有以下3个方面的特点。

（1）创新思维不同于常规思维。常规思维一般是指单一、固定的思维，其产生的思维成果大多千篇一律。创新思维是对常规思维的突破，具有革新的特点。

（2）创新思维是多种思维的综合，可具体表现为新的方法、行为和解决方案等。

（3）创新思维以社会客观需要为前提，开展创新思维可以产生有效的思维成果，如新的社会价值。

2.1.2　逻辑思维与形象思维

随着创新实践的深入，人类逐渐对自身的创新思维产生了好奇，科学家们将目光聚集在影响生物进化的重要器官——大脑上。

科学研究表明，大脑由两个大脑半球组成。大脑的两个半球分别称左脑和右脑。左右脑分工明确、各司其职。左脑主要负责逻辑、语言、分析等连续性和有序性的工作，倾向于逻辑思维；右脑则主要负责处理视觉、听觉等感官信息，倾向于形象思维。

逻辑思维与形象思维的区别如表2-1所示。

表 2-1 逻辑思维与形象思维的区别

维度	逻辑思维	形象思维
定义	也称抽象思维，是指人们在认识活动中运用抽象、判断、推理等思维形式或方法，对客观现实进行间接的、概括的反映	是人的一种本能思维，以直观形象和表象为支柱，依赖视觉、听觉或其他感官的感知来理解和解决问题
特点	抽象性、规范性、分析性、系统性、理性驱动	具体性、创造性、整体性、情感驱动
基本表达工具	概念、判断、推理等思维形式，以及比较、分析、综合、抽象、概括等思维方法	能为感官感知的图形、图像、图式和形象性的符号
应用领域	数学、科学、工程、法律、计算机编程等需要精确分析和推理的领域	艺术、设计、写作、广告等需要高度创造力的领域

在传统的社会关系中，逻辑思维的作用似乎更加明显，人们喜欢用理性的力量去提升自己的生活水平，不管是律师、建筑师还是医生，他们突出的特征都是具备将理论知识经过分析后运用于社会实践中的能力。

值得注意的是，仅凭左脑的发达程度并不能判断一个人是否能成为医生、数学家或物理学家。20世纪，美国神经心理学家罗杰·斯佩里通过裂脑研究发现，从事精确数学研究的人，绝非仅用左脑进行抽象思考，还习惯于用右脑进行形象思考。可以说，形象思维是一种普遍存在、能够跨领域运用的思维，那些善于用右脑进行思考的人往往具有更强的创新思维运用能力。

联想思维、直觉思维和灵感思维均属于形象思维的范畴，它们对创新思维的发展有着极大的促进作用。

（1）联想思维

通常认为，联想思维是人们通过某一事物自然而然地联想到与它相关的事物的思维形式。例如，看到一句诗，便能接着说出下一句；看到天空阴沉，便会联想到雨伞；等等。联想的能力是人生来就有的，其本质在于发现不同事物之间的相似之处，从而产生新的设想，这个发现的过程往往就是创新的过程。

（2）直觉思维

直觉思维是指不受某种固定的逻辑规则的约束而直接领悟事物本质的思维形式。直觉是人的本能知觉的重要组成部分。依靠它，人能够感性地直接把握和洞察客观事物。例如，突然对某一问题有"灵感""顿悟"，甚至对未来事物的结果有"预感"等，都是直觉思维的表现。

（3）灵感思维

灵感思维即顿悟思维，是指在创造性活动中，人们经过长期思考、积累和实践后，在某一瞬间突然产生富有创造性的思路或想法的思维形式。这种思维形式往往能够突破常规，带来新颖、独特的见解或解决方案。

20世纪80年代初，钱学森在《中国社会科学》上发表了文章《关于形象思维问题的一封信》，将我国灵感思维的研究推向了新高度。钱学森院士指出："凡是有创造经验的同志都知道光靠形象思维和抽象思维不能创造，不能突破；要创造要突破得有灵感。""创造性思维中的'灵感'是一种不同于形象思维和抽象思维的思维形式。"钱学森把灵感思维的研究从美学、心理学和文学艺术领域扩展到思维科学领域，从而使人们对灵感思维的探讨进入了一个崭新的阶段。

扫一扫
创新灵感
测试

能力提升训练

有人说，每个人获得灵感的概率是不同的，灵感的出现也往往是突发的，我们很难把握它，所以依靠灵感创新并不现实。然而，灵感并非完全无迹可寻，通过以下3种有意识的对话，我们可以更有效地激发和捕捉灵感。

（1）和自己对话：待在一个安静的空间，让内心的想法、感受与渴望浮现。当我们静下心来回顾过往经历时，那些成功与失败、喜悦与悲伤，都可能成为灵感的源泉。同时，定期进行自我反思，记录自己的想法、困惑与感悟，也有助于梳理思维，从自身经验中提炼灵感。

（2）和他人对话：每个人都有独特的视角、知识储备和生活经验，与他人对话就像打开一扇通往不同世界的门。在与他人交流观点和想法时，尤其是跨领域交流时，不同的思维方式相互碰撞，往往能激发出新的灵感火花。

（3）和大自然对话：大自然蕴含着无尽的奥秘与启示，无论是花朵的绽放、鸟儿的飞翔，还是树叶的脉络，都可能在不经意间触动我们的思维，激发灵感。

在和自己、他人、大自然对话的过程中，我们应保持问题意识和批判性思维，逐渐培养思考的习惯，不要等待灵感自己到来，而要善于利用生活、工作来激发灵感，当灵感来临时，立刻记录下来，便能紧紧抓住它了。

2.2 培养创新思维

创新思维不是天才的专属，也可以通过后天培养。那么，我们如何才能培养自己的创新思维呢？下面将从打破思维定式、掌握创新思维形式、掌握创新方法，以及拥抱互联网思维这几个方面进行深入探讨。

2.2.1 打破思维定式

创新是以发散性思维、突破性思维为核心的活动，要求人们以不同、独特、反常规的视角去思考与解决问题。但在实际生活中，大多数人会不自觉地依照已知、惯常的方法开展思维活动，而这一惯常的思维模式即思维定式会严重阻碍新观点、新方法的产生。

通常来说，思维定式可以分为经验定式、权威定式、从众定式、书本定式和直线定式5类，大学生应采取一系列策略打破这些思维定式，摆脱其对自身思维模式的限制。

1．打破经验定式

经验定式是指人们根据长久的习惯和经验解决同类问题。经验虽然在很多时候可以帮助人们快速认识问题和解决问题，但有时也会使人们形成思维惯性，阻碍人们从全新的角度认识问题、解决问题。

大学生在思考问题时，要防止思路固定、太依赖自己的经验或总是采用相同的思维方式解决问题，应尽量寻找新的思考角度，避免思维惯性对创新造成阻碍。

案例分析

海藻也能做衣服

传统纺织业曾一度被视为劳动密集型产业。如今绿色环保和可持续发展已成为全球共识，传统纺织业面临着前所未有的挑战，亟须探索新的出路以实现转型升级。在这一过程中，科技创新无疑是关键驱动力。

纤维是纺织业中必不可少的原料，主要有两大类：一类是棉、麻、丝等天然纤维，它们主要来源于植物，这些植物需要占用大量农田，产量有限；另一类是以石油、煤炭等为原料加工而成的合成纤维，它们需要消耗石油、煤炭等一次性能源，加工过程复杂，极易造成污染，舒适性也相对较差。

为适应绿色环保和可持续发展的需求，研究开发新型生物基化学纤维已经成为纺织业转型升级的关键策略。2023年年末，青岛大学的夏延致及其团队的"千吨级纺织用海藻纤维产业化成套技术及装备"项目获得中国纺织工业联合会技术发明一等奖。

自20世纪40年代起，国外学者便尝试从海藻中制取纤维，但鲜有突破。直至2004年，夏延致及其团队大胆创新，成功从海藻中制取纤维，并发现其拥有阻燃、抑菌防霉、环保无毒等多重优势。海藻纤维对大肠杆菌、金黄色葡萄球菌的抑制率高达99%，其舒适性更是超越棉质，堪与羊绒、丝绸媲美。

在当前的资源背景下，开发海藻纤维作为纤维的第三来源，不仅拓宽了行业视野，还是响应绿色环保和可持续发展理念的上佳选择。这种天然、环保的纤维将为纺织业的高质量发展注入新动力。

夏延致及其团队秉持脚踏实地的精神，从实验室基础研究起步，实现了多项关键技术从0到1的突破。他们不仅掌握了纺织用海藻纤维的全套生产工艺，还成功打通了从上游原料加工到海藻纤维生产，再到下游制品应用的全产业链，为我国构建"海上棉仓"的宏伟蓝图提供了切实可行的路径，更为我国纺织业的绿色发展开辟了新的道路。

点评

夏延致及其团队充分利用青岛的海洋资源及纺织业的优势，通过海藻纤维连接海藻产业与纺织业，为青岛传统纺织业的转型升级提供了新的可能。

2．打破权威定式

权威定式是指人们对权威的言论、行为不自觉认同和信任。人们对权威的信任多来自两个方面：一方面，一些学校或家庭在教育过程中会将信任权威的知识或观念灌输给学生或孩子，使其形成盲目崇拜权威人士及权威理论的观念；另一方面，社会中多人推崇一个人，会形成口碑效应，受此影响，很多对被推崇者了解不深的人就会对其产生信服感，甚至还有人利用手段打造虚假的权威，建立个人崇拜。

大学生在对待权威时，不要盲目吹捧、服从，而要解放思想，打破权威定式，做一个敢质疑、敢突破、敢实践、敢创新的人。

3. 打破从众定式

从众定式是指跟随大众的思维模式。从众定式最大的特征是人云亦云，人们形成从众定式后，往往不会独立思考：有的人是为了避免标新立异、哗众取宠，而选择跟大家保持一致；有的人则是懒于思考，宁愿随波逐流。

大学生要打破从众定式，学会相信自己，坚持自己的看法，不盲从，拥有独立思维意识，具备良好的抗压能力。

4. 打破书本定式

书本定式是指人们对书本完全认同甚至盲从。书本是人们接受教育的载体，贯穿学习的整个过程，人们难免会对书本传递的信息产生依赖性和认同感。但世间万物都处于不断发展与变化中，书本内容与不断变化的客观事实可能会逐步产生一定的差异。

"纸上得来终觉浅，绝知此事要躬行。"理论可以指导实践，同时也来源于实践。大学生在学习书本知识时，要学会辩证地看待书中的观点，将理论与实践相结合，具体问题具体分析，善于归纳总结，这样才能真正解决问题。

5. 打破直线定式

直线定式是指人们在面对简单问题时，会使用简单的"非此即彼"或按顺序排列的方法思考问题；在面对复杂多变的问题时，也会习惯性地套用这种方法，不从侧面、反面或迂回的角度考虑问题。

直线定式同样不利于创新思维的发散。例如，数学中由"A=B，B=C"得出"A=C"的理论并不适用于所有事物。假如A材料可以代替B材料，C材料也可以代替B材料，但这并不意味着A材料绝对可以代替C材料。直线定式有时候是解决简单问题的最好方法，但有时候也容易让人显得古板、不知变通，甚至犯错误。

2.2.2　掌握创新思维形式

创新思维极具灵活性，表现为从不同的起点和方向出发的多种形式。充分掌握这些创新思维形式，可以更高效地形成创新成果。

1. 掌握发散思维与收敛思维

发散思维与收敛思维是创新思维的基本形式。发散是收敛的前提和基础，能帮助人们打破常规、探索未知领域；收敛是发散的目的，能帮助人们将新的想法和创意转化为具有实际价值的解决方案。发散和收敛在不断重复、叠加的相互作用中共同推动创新的发展。

（1）发散思维

发散思维又称辐射思维，是指人在思考的过程中，思维不受已经确定的规则、方式和方法的约束，呈现扩散状态。发散思维就像一棵树，想法就像树枝一样从树干向四面八方伸展出去，这样就能从多个方向、多个角度扩展思维的空间，提出大量可供选择的方法、方案或建议，也能提出一些别出心裁、出乎意料的见解，使看似无法解决的问题迎刃而解。

人们在对某事物进行发散思考时，可以使思维向多个方向发散，发散思维的方向如表2-2所示。

表2-2　发散思维的方向

方向	具体内容
材料	将该事物当作某种材料，设想其多种用途，从而进行发散思考
结构	以该事物的结构为发散点，利用其结构对多种可能性进行设想
功能	从该事物的功能方面展开想象，包括其具体的功能类目及实现这些功能的多种途径
方法	以该事物的制造方法或创造该事物的原因等作为发散点展开思考
联系	对该事物与其他事物的联系进行思考
形态	从该事物的外观、明暗色差等方面进行思考
组合	对该事物与其他事物进行组合思考，通过不同的组合方式激发发散思维
因果	以事物的发展结果为中心，推测造成该结果的原因，或以该事物发展的原因推测可能产生的结果，在这个过程中产生灵感与创意

案例分析

发散思维助力故宫博物院重焕生机

在故宫文创走红之前，故宫博物院在人们心目中的形象大概是古典与严肃的。然而，自2008年成立文创部门以来，特别是2010年故宫淘宝店铺上线后，故宫博物院开始了一系列创新尝试，将原本严肃的博物院变得生动鲜活，这不仅吸引了越来越多的人走进故宫博物院，也带来了实打实的收益。

2014年，一篇关于雍正皇帝的"爆款"推文将这位历史上威严庄重的皇帝的形象变得风趣可爱，激发了大众的热议。借此机会，故宫博物院顺势推出了"朕就是这样的汉子"等系列文创产品，如朝珠耳机等，这些充满创意和反差感的设计迅速走红，成为当时的热门话题。

2016年，纪录片《我在故宫修文物》播出后，引起了社会的广泛关注，尤其是激发了年轻观众的兴趣。御猫、君臣人物的卡通形象及宫廷建筑等元素被巧妙地融入文创产品中，这些文创产品赢得了大量粉丝的喜爱。

随着年轻群体开始成为市场消费主力军，国潮的概念也更加深入人心。故宫博物院通过线上线下联动、与其他品牌联名、创新产品形态等方式，进行IP的长线系统塑造和一系列跨界尝试，如"故宫＋餐饮""故宫＋科技""故宫＋金融""故宫＋美妆""故宫＋旅游""故宫＋游戏"，逐渐形成全民化品牌IP。

近年来，故宫博物院每策划一场大展，都会推出一则展览宣传片、一套图书、一场研讨会、一套相关文创产品（包括丝巾、团扇、茶具套装、书签、镇尺、布包、徽章、小夜灯、香插、加湿器等）。

点评

故宫博物院没有仅将文物视为冰冷的历史遗迹，而是在深度挖掘馆藏资源的基础上，利用发散思维，将文物视为连接过去与现在、传承文化与传递情感的桥梁，使其与人们的生活紧密相连，形成植根传统但不拘泥于传统的创意模式，展现了人文情怀和时代精神，从而成功"出圈"。

（2）收敛思维

收敛思维是指集中与问题有关的所有信息，从不同来源、不同方向和不同层次对信息进行有方向、有条理的收敛，从而寻求答案的一种思维方式，它也被称为辐合思维、聚合思维和求同思维。

案例分析

壮锦在联名共创中绽放非遗魅力

壮锦的壮文含义为"天纹之页"，其与云锦、蜀锦、宋锦并称为"中国四大名锦"，是民族文化的瑰宝。然而，在过去很长一段时间里，壮锦主要存在于偏远的山村，难以被更多人知晓和欣赏。随着互联网时代的到来，特别是联名共创模式的兴起，壮锦开始走出大山，走向全国乃至全球，成为展现中华传统文化魅力的一张亮丽名片。

近年来，壮锦频繁以联名形式进入公众视野。2024年11月，壮锦联合奶茶品牌书亦烧仙草，共同推出"老红糖×广西壮锦"奶茶。这次合作不仅将壮锦元素融入联名周边产品（如独具民族风格的壮锦丝巾、艺术感十足的竹篓杯套、Q版民族钥匙扣、印着中国传统纹饰的收纳锦袋），更通过"红糖添红气，壮锦送好运"的主打概念，为消费者带来了独特的文化体验。这一联名活动不仅提升了书亦烧仙草的品牌形象，也让壮锦这一传统民族工艺得到了更广泛的传播和认可。

除了与奶茶品牌联名，壮锦还与广西民族博物馆、南宁百货等知名企业和机构合作，推出了一系列联名款纪念袋。这些纪念袋不仅融合了壮锦的特色文化与广西的地标建筑元素，还融入了现代设计理念，展现了传统民族文化与现代思想的碰撞与融合，进一步促进了壮锦文化的传承与发展。

通过与不同领域的品牌和机构的合作，壮锦不仅打破了地域限制，走进更多人的生活，更成为连接古今的文化桥梁。

点评

壮锦通过联名共创，将看似毫无关联的元素聚合在一起，创造出令人耳目一新的艺术风貌。这一创新实践显著增强了公众对壮锦文化的认知和喜爱，也为其他非遗项目的保护与发展提供了思路。

2. 掌握正向思维与逆向思维

正向思维是逆向思维的前提和基础，能够帮助人们按照事物的发展规律明确目标和路径；逆向思维则是对正向思维的深化和拓展，能够帮助人们挑战现状和寻找新的解决方案。两者在一定条件下可以相互转换。在解决复杂问题时，常常需要交替使用正向思维和逆向思维，以确保解决方案既符合逻辑又具有创新性。

（1）正向思维

正向思维是指人们在创造性思维活动中沿袭某些常规、传统去分析问题，它遵循事物自然发展的脉络，由已知条件出发，逐步推演至未知领域，旨在透过现象揭示事物的根本属性与规律。正向思维要求人们具有清晰的逻辑链条，充分考察所需要解决问题的性质和形式，综合考虑客观事物的功能、结构、属性和关系，这样才能实现产品创新或找到解决问题的新方法。

正向思维的优势在于逻辑性和系统性。但在某些情况下，如果过于依赖正向思维，可能会陷入思维定式或惯性思维的陷阱中，难以跳出传统的框架和思维模式去思考问题。因此，在创造性思维活动中，我们还需要注重培养逆向思维、发散思维等多种思维，以便更加灵活、全面地应对各种复杂问题。

（2）逆向思维

逆向思维是对司空见惯、已成定论的事物或观点进行反向思考的一种思维方式。逆向思维注重让思维向对立的方向延伸，从问题的相反方向深入地进行探索，得出新创意与新想法。逆向思维可以让人们基于原理、功能、结构、过程、方向、观念等因素进行思考与创新。例如，在司马光砸缸的故事中，司马光要拯救落水的孩童，正向思维往往是"让人脱离水"，但此时身为孩童的司马光难以帮助其完成这一行为，于是他选择"让水离开人"，通过砸缸拯救落水的孩童，这正是逆向思维的体现。

案例分析

减少燃料能弥补燃料损失吗

1964年，中国航天事业正处于起步阶段，我国自主研发的首枚中近程弹道导弹即将迎来试射。然而，在准备过程中，遇到了一个棘手的问题——由于当时天气异常炎热，火箭推进剂在高温下异常膨胀，燃料箱无法容纳足够的燃料，从而严重影响了导弹的设计射程。

面对这一技术难题，五院的专家们一致提出给导弹增加燃料的方案，以弥补因高温膨胀而损失的燃料。然而，第一次参加发射工作的王永志却提出了一个颠覆性的解决方案：从燃料箱内泄出600千克燃料，这枚导弹就能命中目标。当他在会上把这一解决方案提出来时，大家都感到不可思议："本来导弹射程就不够，还要减少燃料？"

王永志认为，增加燃料虽然可以暂时弥补燃料损失，但也会增加导弹自身的重量，反而可能不利于导弹命中目标。经过深思熟虑和精确计算后，他进一步提出了具体的解决方案——减少导弹燃料中的乙醇占比。

原来，导弹的燃料中含有液态乙醇，这些乙醇在高温下膨胀并产生压力，可能导致部分燃料通过安全阀被释放。因此，王永志提出通过调整乙醇与其他燃料的比例，以减少因高温膨胀而损失的燃料。

在钱学森的支持下，王永志的方案得以实施。1964年6月29日，导弹成功发射并命中预定目标，验证了王永志方案的正确性。这次成功不仅解决了导弹射程不足的问题，也为中国航天事业的后续发展奠定了坚实的基础。王永志因此获得了同事们的尊重，并逐渐成长为中国航天事业的重要领军人物。

点评

王永志的故事不仅是中国航天史上的佳话，还是大学生应该学习和借鉴的榜样。大学生要勇于挑战常规思维，敢于逆向思考，并且应当注重将想法转化为具体可行的方案。

3. 掌握横向思维与纵向思维

在创新过程中，横向思维与纵向思维是相辅相成的。横向思维可以带来新的灵感，帮助人们拓宽视野；纵向思维则可以确保这些灵感得到深入研究和实施，帮助人们深化理解和执行任务。

（1）横向思维

横向思维是一种打破逻辑局限及原有问题的结构范围，从其他角度或其他领域寻求突破，从而创造更多新想法、新观点、新事物的创新思维。横向思维最大的特点是打乱原来的思维顺序，从另一个角度寻求新的解决办法。它可以引发多点切入式的思考，也可以引发从终点返回起点式的思考。

（2）纵向思维

纵向思维是一种按逻辑顺序进行思考，直至获得问题的解决办法的思维形式，遵循由低到高、由浅到深、由因到果、由始到终的层递式思维原则，以最终得出当前各种情况下最为合理的结果。

能力提升训练

积极暗示是激发思维潜能的有效方式。大学生应尽可能从周围环境和他人那里获取积极暗示，或直接对自己进行积极暗示，同时拒绝那些可能压抑思维潜能的消极暗示。

大学生可以根据以下5个要点进行积极暗示。

（1）简洁：句子应简单有力，如"我进步明显""这很简单""我能做到"等。

（2）正面：避免使用负面语言，因为它们会削弱自信。

（3）合理：句子应具有逻辑性，避免引发矛盾或抗拒心理。

（4）意象：默念或朗诵积极暗示的语句时，要在脑海里形成清晰的意象。

（5）协调：单纯的语言无法产生效果，潜意识需要通过思想和感受的协调实现外显。

2.2.3　掌握创新方法

创新的实现，不仅需要人们在思维层面上有所突破、与时俱进，还需要人们在行动上积极实践，不断探索与尝试。创新方法是以创新思维为基础，通过长期实践总结出的一系列创造发明的技巧和方法。由于具有高度的可操作性，创新方法得以推广和普及，成为创新创业活动的行动指南和制胜法宝。

熟悉并灵活运用多种创新方法，有利于提升大学生解决实际问题的能力，为开展创新创业活动打下基础。常用的创新方法包括头脑风暴法、组合法、试错法、奥斯本检核表法、思维导图法、属性列举法等。

1. 头脑风暴法

头脑风暴法又称智力激励法，是美国创造学家奥斯本于1953年正式提出的一种激发性思维方法。头脑风暴法是指一群人围绕一个特定的兴趣或领域，无限制地自由联想和讨论，进而产生新观念或创新设想的一种方法。

这是一种集体创新方法，通过充分发挥集体智慧，从各方面、各角度探寻问题的成因或构成要素，从而高效地解决问题。为了更好地运用头脑风暴法，使与会者的思维活动真正产生互激效应，与会者必须严格遵守4条基本原则，如图2-1所示。

| 自由畅想 | 在会议中，与会者集中注意力，就会议的中心问题各抒己见，自由发言。主持人应营造一种自由、活跃的气氛，激发与会者提出各种"不着边际""异想天开"的设想，使与会者的思想彻底解放 |
| 以量求质 | 头脑风暴不是要一步到位地得出解决方案，通常设想越多，就越容易产生互激效应，最后产出好创意。因此，设想越多越好，重点是设想的数量，而不是质量 |

图2-1　运用头脑风暴法的基本原则

头脑风暴法通过头脑风暴会议得以实施，该方法的操作具有一定的组织规则和流程要求，只有明确头脑风暴法的具体实施步骤，才能确保会议顺利开展。

头脑风暴法的实施可以分为会前准备和会议实施两个阶段。

（1）会前准备

在会前准备阶段，组织者需要明确会议要解决的问题和与会者，同时确定会议的主持人和记录者，并将会议的相关信息通知所有与会者。会前准备的步骤及其具体内容如表2-3所示。

表2-3　会前准备的步骤及其具体内容

会前准备的步骤	具体内容
确定问题	确定一个问题，并且将其提前告知与会者
确定会议相关事项	（1）确定与会者，与会者最好包含不同专业或不同岗位的人 （2）注意控制会议时间，最好将其控制在1小时左右 （3）设置1名主持人、1～2名记录者。主持人负责主持会议，不评论设想；记录者认真记录与会者的每一个设想，以便后期进行筛选
确定会议类型	会议的类型分为设想开发型和设想论证型 （1）设想开发型主要是获取大量设想、为问题寻找多种解决思路，重点在想象和表达 （2）设想论证型主要是为了将众多设想归纳转换成实用型方案，重点在归纳和分析判断
提前进行训练	在会前对缺乏创新锻炼的与会者进行打破常规、转变思维角度的训练，以减少其思维惯性，提升其创新热情
准备资料	预先准备好资料，让与会者能够对与会议相关的信息有充分了解，与会者也需要准备自己的材料，尽可能多地了解会议相关信息

（2）会议实施

会议实施阶段可以分成认识问题、讨论问题和综合讨论3个步骤，如图2-2所示。

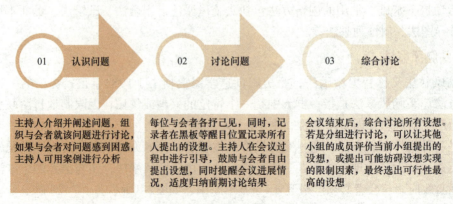

图2-2　会议实施的步骤

2. 组合法

组合法是指按照需要把若干事物的一部分或全部进行适当的有机组合、变革、重组，并使其实现质的飞跃，从而诞生新产品、产生新思路或形成独一无二的新技术的方法。

据统计，现代技术创新成果中的组合型成果占比为60%～70%。这也验证了晶体管发明者之一威廉·肖克利所说的话："所谓创造，就是把以前独立的发明组合起来。"通过组合法获得的不是从无到有的突破性成果，而是资源重组后的再开发成果，这极大地降低了创新的时间、人力和资金成本，实现了资源的充分利用。

3. 试错法

试错法是指人们根据已有产品或以往的设计经验提出新产品的工作原理，并通过不断的尝试去验证这一原理，从而达到预期目标的方法。试错法是一种经验式的创新手段，本质是通过不断的尝试消除误差。爱迪生尝试用上千种材料做电灯灯丝，便是试错法应用的典型案例。

试错法的具体应用很简单，只有猜测和反驳两个步骤，但是需要对这两个步骤进行不断的重复，直至找出问题的答案。

（1）猜测。猜测是试错法的第一步，是指基于自身对问题的已有认识，去想象、怀疑、判断与解决问题相关的变量。这些变量应该简单明了且可控，这样才能用实验验证。

（2）反驳。反驳是指对猜测进行实践，并发现其中的错误，从而得到对问题的新认识。反驳是对猜测的验证与评判，是一个排除错误的过程。

反驳后再进行下一轮猜测，这样猜测与反驳交替进行，直到得出一个可行解为止。值得注意的是，使用试错法得出的可行解往往并不是最优解。

试错法的思路如图2-3所示。

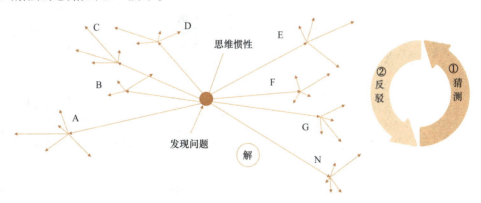

图2-3 试错法的思路

能力提升训练

组合创新是常见的创新活动，许许多多的发明和革新都是组合创新的结晶。且不说领域与领域之间的组合（如机电一体化）及高精尖的科技成果的诞生，单看大学生们的生活，组合创新产品就随处可见。下面是一些常见的组合创新产品。

（1）牙膏＋中药＝中药牙膏

（2）电话＋视频采集＋视频接收＝可视电话

（3）毛毯＋电热丝＝电热毯

（4）台秤＋微型计算器＝电子秤

（5）自行车＋蓄电池＋电机＝电动自行车

（6）机械技术＋电子技术＝数控机床

你能列举出10个市面上常见的组合创新产品，并运用组合法改造现有产品或构思新产品吗？在这个过程中，你也可以运用试错法进行探索。

_____

_____

4. 奥斯本检核表法

奥斯本检核表法由奥斯本提出，该方法是指根据研究对象提出一系列提纲式的问题，形成检核表，然后对这些问题进行逐个讨论、分析，从而获得解决问题的方法或新的设想。奥斯本检核表法几乎适用于任何类型与场合的创新活动，因此享有"创新方法之母"的美称。

（1）奥斯本检核表的检核项目

奥斯本检核表法从9个方面进行思考，有助于启迪思路、开拓想象的空间，促进新设想、新方案的产生。奥斯本检核表的检核项目如表2-4所示。

表2-4　奥斯本检核表的检核项目

检核项目	含义	案例
能否他用	现有事物除公认用途外，是否还有其他的用途	例如，夜光粉早先被运用在钟表上，后来其用途范围被扩大，出现了夜光项链、夜光棒，后来还出现了夜光纸，这种纸可以被裁剪成各种形状，贴在夜间或停电后需要指示特定位置的地方，如电器开关、火柴盒、公路转弯处、楼梯扶手和应急通道及出口处等
能否借用	现有事物能否引入其他的创造性设想；能否模仿别的东西；能否从其他领域、产品、方案中引入新的元素、材料、造型、原理、工艺、思路	例如，建房时，要安装水暖设备，经常要在水泥板上打洞，既慢又费力。一位建筑工人想到能烧穿钢板的电弧机来打穿水泥板，经过改造，他发明了在水泥板上打洞又快又好的水泥电弧切割器，这便是借用了其他领域的工艺进行的创新
能否改变	现有事物能否进行颜色、声音、气味、品种、意义、制造方法等方面的改变，改变后的效果如何	例如，把滚柱轴承中的滚柱改成圆球，变成滚珠轴承，这可以大大减小摩擦力
能否增加	现有事物能否扩大适用范围；能否增加使用功能、零部件；能否延长使用寿命；能否增加长度、厚度、强度、频率、速度、数量、价值	例如，在玻璃中加入某些材料，就制成了有防弹、防震、防碎等功能的新型玻璃
能否简化	现有事物能否实现体积变小、长度变短、重量变轻、厚度变薄及拆分或省略某些部分（简单化）；能否实现浓缩化、省力化、方便化、短路化	例如，20世纪50年代，荷兰的马都洛夫妇为纪念他们死去的爱子，投资将荷兰的典型城镇缩小到原来的1/25，建成了世界上第一个"小人国"——马都洛丹，从而开创了世界主题公园的先河。后来我国采用这种方法建成了深圳的世界之窗和锦绣中华民俗村，这种方法也为我国园林的发展提供了一个新方向

（续表）

检核项目	含义	案例
能否代用	现有事物能否用其他材料、元件、结构、能力、方法、符号等替代	例如，瓶盖内部过去用的是橡胶垫片，后改为低发泡塑料垫片。据统计，换材料后，仅海南省一年就可以节约橡胶520吨
能否调整	现有事物能否变换排列顺序、位置、时间、速度、计划、型号；内部元件能否互换	例如，房间内家具的重新布置有可能带来非常好的效果
能否颠倒	现有事物能否从里外、上下、左右、前后、横竖、主次、正负、因果等相反角度颠倒过来使用	例如，一般小学语文的教学顺序是先识字后读书，后黑龙江一学校让学生先读书，在读书过程中对不认识的字进行拼音标注，最后这些学生的识字、阅读、写作水平均超过了先识字后读书的学生
能否组合	现有事物能否进行原理组合、材料组合、部件组合、形状组合、功能组合、目的组合	例如，南京某中学生利用组合的办法，发明了带水杯的调色盘，并将水杯设计成可伸缩的形式，固定在调色盘的中央。用时拉开水杯装水，不用时倒掉水，使水杯收缩

（2）奥斯本检核表法的应用步骤

奥斯本检核表法在改良产品方面具有非常优秀的效果，其具体应用分3个步骤。

● **提出问题：** 根据对研究对象的有关了解提出需要解决的问题。

● **列出设想：** 按照奥斯本检核表的检核项目，逐一列出改良研究对象的设想。

● **筛选设想：** 筛选出能够解决问题且具有可行性的设想，并完善这个设想，使之成为一个明确的创新方案。

为了提高创新的成功率，在运用奥斯本检核表法提出设想时，可反复检核，列出尽可能多的设想。此外，也可以将对每一个检核项目的思考作为一个单独的创新项目来看，以免被对其他检核项目的思考影响或形成惯性思维。

5. 思维导图法

思维导图法是指通过可视化的形式使散乱的思考具体化、条理化的方法。在制作思维导图的过程中，人们会越来越明确自己的目标和思路，灵感和创造性想法极有可能在多层次的梳理中产生。

思维导图的制作过程较为简单，具体分为以下几个步骤。

（1）在纸的中央写出或画出主题，最大的主题尽量以图形的形式表现。

（2）从中心的主题出发，向外扩展分支主题，数量为5～7个，尽可能使用不同的颜色标注。

扫一扫
思维导图

（3）使用关键词表述各个分支主题的内容。

（4）将有关联的分支主题连起来，思考彼此的关系并将其表示出来。

6. 属性列举法

属性列举法也称特性列举法，由美国的罗伯特·克劳福德教授提出，使用该方法时要列举事物的所有属性，然后针对这些属性进行创造性思考。属性列举法可以对研究对象或研究课题的所有属性进行全面的分析研究，适用于老产品的升级换代。

属性列举法的实施分为4步，具体如下。

（1）确定一个研究对象。

（2）了解研究对象的现状，熟悉其基本结构、工作原理及使用场合，同时应用分析、分解及分类的方法对研究对象进行一些必要的结构分解，找出其名词属性、形容词属性、动词属性及量词属性。

- **名词属性：** 采用名词来表达的特征，如事物的结构、材料等。
- **形容词属性：** 采用形容词来表达的特征，如事物的色泽、大小、形状等。
- **动词属性：** 采用动词来表达的特征，如事物功能方面的特性。
- **量词属性：** 采用数量词来表达的特征，如数量、使用寿命、保质期等。

（3）从需要出发，对列出的各种属性进行分析、抽象，并且与其他物品进行对比，然后通过提问的方式激发创新思维，采用替代的方法对原属性进行改造。

（4）应用综合的方法将原属性与新属性进行综合，寻求功能与属性的替代或者更新完善，最后提出一个新设想。

能力提升训练

习惯是在大脑没有思考的情况下，下意识做出的动作。行为心理学认为，一个新习惯或理念的形成与巩固至少需要21天。

在晚上上床休息前为自己留出10分钟的时间，用来总结今天的计划执行情况及制订明天的计划。

（1）今天的任务我完成得怎样？

（2）我对哪些地方满意？为什么？

（3）我对哪些地方不满意？为什么？

（4）在明天的计划中我将如何进行调整？

（5）我明天一天的计划是怎样的？

坚持下去，养成优秀的习惯，你将会收获惊喜！

2.2.4 拥抱互联网思维

在时代的洪流面前，过往那些曾被认为优秀的创新思维方式或许已难以适应如今的发展需求。创新绝非闭门造车、盲目前行，创新者应紧跟时代发展的脉搏，顺势而为，积极回应时代提出的问题与要求。

当今社会已全面步入互联网时代，人工智能更是高速推动着各个行业的变革与发展。这就要求创新者具备与时俱进的眼光和思维，不断学习和吸收新的理念与方法。

1. 用户思维

用户思维的本质就是以用户为中心。用户思维是市场经济条件下的基本思维，有用户，产品才能售出，企业才能获取利润。从创新的角度看，有用户的创新项目才是有价值和发展前景的项目。

2. 流量思维

在创新的销售、服务等阶段，创新者可以运用流量思维。在互联网领域，流量通常是指网站、App等平台的访问量。一般来说，访问量越大，平台的价值就越大。例如，很多互联网网站和App都会以平台的流量来展现平台的价值。在创新活动中，创新项目的运营者也必须运用流量思维，大面积、多渠道地获取用户，甚至运用流量思维改变经营模式，推动创新项目在前期稳定发展。

3. 大数据思维

互联网时代是数据爆发式增长的时代，对于创新者来说，数据是创新项目的重要资产，也是创新项目竞争力的体现。因此创新者必须具备更强的决策力、洞察力和流程优化能力来处理海量、高增长率和多样化的数据。而要做到这一点，创新者就必须具备大数据思维，了解数据的重要性和价值，运用科学的数据分析方法完成数据分析，从而预测用户的行为，快速做出科学的决策。

4. 平台思维

在传统的经营模式下，企业主要以产品为中心，通过降低成本、提高利润来赢利。而在互联网环境下，企业不再仅仅依靠产品赢利，还可以通过对接需求与提供服务赢利。例如，淘宝对接了用户和商家的需求，为他们提供服务。平台思维体现为对商业模式、组织形态的创新。在创新领域，创新者可以运用平台思维打造一个多方共赢的生态圈，帮助平台的各个参与方实现价值，从而实现多方共赢。

5. 跨界思维

跨界思维是一种从多角度、用多视野看待问题和提出解决方案的思维方式，能够将一个领域的技术应用于另一个不相关的领域，从而产生新的价值和影响力。在互联网环境下，跨界思维的应用十分广泛，例如，支付形式从纸币交付转变为移动支付的过程就体现了跨界思维。事实上，跨界思维是一种创新思维和突破思维，在创新活动中运用跨界思维往往可以引发各种颠覆式的创新。而要应用这种思维，就需要抓住问题的本质以攻克当前问题，提出新的解决方法。

本章实训

创新活动是一项实践性活动，创新成果也从实践中得来。本章实训将引导同学们破除思维的阻碍，运用创新思维方法，帮助同学们锻炼自己的创新思维能力。

1. 思维热身，破除思维的阻碍。

（1）在每个"十"字上最多加3笔组成新字，并将新字填写在下方的方框内。

十	十	十	十	十

十	十	十	十	十

（2）在下列文字上各加笔画，形成尽可能多的新字（每个字至少形成3个新字），并将

新字填写在横线上。

日

_____

口

_____

大

_____

土

_____

（3）说出与鱼相关的10种事物。

_____

_____

（4）找出纸杯与雨伞的10处关联。

_____

_____

2. 完成思维热身后，保持现有的思维状态。有意识地反思第1章提出的项目是否可行，如果不可行，你能提出改良方案或重新确定项目方向吗？运用头脑风暴法、奥斯本检核表法等创新方法进行讨论。同学们可使用以下表格辅助创新思维活动的开展，如表2-5、表2-6所示。

表2-5　头脑风暴会议记录单

分析项目	分析结论	
参会者	主持人：	记录者：
	与会者：	
会议目的		
信息搜集	现有常见功能：	开发发展趋势：
会议实施	主持人第一次提问：	
	与会者提出设想：	
	主持人第二次提问：	
	与会者提出设想：	
设想分析	设想1分析：	
	设想2分析：	
最终设想		

表2-6　奥斯本检核表

检核项目	分析结论
能否他用	
能否借用	
能否改变	
能否增加	

（续表）

检核项目	分析结论
能否简化	
能否代用	
能否调整	
能否颠倒	
能否组合	

3. 对提出的设想逐一进行筛选，选出2～3个符合市场需求、有可行性和有价值的设想，并进一步提出改进方案。

_____

_____

_____

延伸阅读与思考

袁隆平：苦寻天然雄性不育稻株

1961年7月，在湖南安江农业学校实习农场的早稻试验田中，袁隆平像往常一样仔细观察着常规培育的早稻品种。突然，一株形态特异的水稻吸引了他的目光。这株水稻株形优异，穗子硕大，籽粒饱满，在一片普通水稻中显得格外突出，宛如鹤立鸡群。袁隆平抑制不住内心的激动，平心静气地反复观察，仔细数了穗数和粒数，足有十余穗，每穗有壮谷一百六七十粒，远远多于普通的稻穗。收割时，袁隆平特地把这株水稻的谷粒单独收藏起来，留做试验用的种子。

第二年春天，袁隆平把种子播撒在田里。然而，随着种子的发育，禾苗的状况与他的预期大相径庭，上一代的优势似乎完全消失了。这些禾苗仿佛来自不同的植株，长得参差不齐，从胚胎发育、抽穗到成熟的时间也各不相同。

根据孟德尔的分离定律，纯种水稻的第二代不会出现分离现象，只有杂种水稻的第二代才会出现分离现象。由此，袁隆平推断，去年那株穗大粒多的水稻极有可能是一株杂交水稻。那么这株杂交水稻从何而来？答案只有一个，必定是天然杂交水稻的第一代，是在自然环境下天然杂交而形成的水稻。如果能探索出天然杂交水稻的秘密，就一定能培育出人工杂交水稻。袁隆平紧抓"天然杂交水稻"这个金子般的概念，预见到杂交水稻具有巨大的增产潜力，暗下决心要把这个课题研究进行下去。

为了获取更多的信息，1962年暑假，袁隆平前往北京拜访了相关专家。他了解到美国、墨西哥等国家的杂交玉米、杂交高粱、无籽西瓜等都是在经典遗传学的基因学说的基础上获得成功的，已经广泛应用于生产，取得了巨大的经济效益。受此启发，袁隆平把研究的初步思路定在寻找雄性不育稻株上。

然而，由于水稻是雌雄同株的植物，要找到一种自身雄蕊不能自花授粉的稻株并不容易。1964年至1965年，在安江农业学校附近的稻田里，袁隆平一垄垄、一行行地检查了几十万株稻株。功夫不负有心人，他终于找到了6株天然雄性不育稻株。经过2年的手工杂交试验和细致观察，袁隆平最终确定杂交水稻的确存在优势。1966年，袁隆平发表论文《水稻的雄性不孕性》，阐述了通过"三系"培育杂交水稻的可能性，以及实现大幅度增产的光明前景。

直到1969年，袁隆平和助手们用1000多个水稻品种与不育水稻做了3000多次杂交试验，仍没有培育出不育株和不育度均达100%的不育水稻。在查阅大量资料后，袁隆平发现，杂交高粱的成功培育，是因为使用的是南非和北非两个在地理位置上相距非常遥远的品种。他意识到，想要突破当下的困境，就应该拉开研究材料亲缘关系的距离，拓宽种质资源的使用范围，于是他将目光投向了野生稻。

当年秋天，袁隆平就带着两位助手奔赴海南岛，进行种子繁育，并寻找野生稻。1970年11月，袁隆平的助手李必湖与海南南红农场技术员冯克珊在一块沼泽地旁勘察时，在一片野生稻丛中发现了一株形态异常的野生稻。这株野生稻在常人眼里或许毫不起眼，但在袁隆平心中却比任何珍宝都要珍贵。袁隆平兴奋不已，将这株野生稻命名为"野败"。经过试验，袁隆平和研究人员最终确定杂交水稻试验的突破口打开了。第二年，经由野外杂交培育的后代稻株的不育度达到了100%，不育研究取得很大进展，特别是用"野败"杂交育成的水稻，移栽到水田里长势十分喜人。

1974年，袁隆平培育出了第一个强优势组合"南优二号"。"南优二号"小面积种植后，当年亩（1亩约合666.67平方米）产就突破了600公斤，产量几乎是常规水稻的一倍多。之后两年，"南优二号"大面积推广应用，增产幅度达20%，仅1976年就种植了208万亩，增产稻谷约3亿公斤。2011年，由袁隆平亲自指导的超级杂交稻试验田进入丰收季，原农业部专家组对"Y两优2号"水稻验收测产，这次测产的结果达到了中国超级稻第三期目标——亩产900公斤。从此，中国人不再为缺粮而发愁。

问题

1. "野败"的发现是杂交水稻研究的重要突破口。在创新中，如何才能捕捉到像"野败"这样看似平凡却意义重大的发现呢？

2. 袁隆平的研究成果不仅解决了中国人的吃饭问题，而且对全球粮食安全意义重大。结合他的故事，谈谈科技创新对人类发展的深远影响。

第**3**章

用设计思维开发产品

情景导入

　　215宿舍在学校去年的创新创业大赛中折戟沉沙，他们用心设计并引以为傲的作品未能获得认可，这让他们十分困惑。在向学校创新创业教育中心的李老师寻求建议后，215宿舍了解到设计者眼中完美的产品对用户而言不一定有用。李老师指出，创新更应关注解决用户的实际问题，应将技术优势与用户需求结合起来。在李老师的悉心指导下，215宿舍开始重新审视自己的作品，他们决定从用户的角度出发，运用设计思维来重新构思和打造作品。

本章将重点讨论如何使用设计思维来开发产品。斯坦福大学哈索·普拉特纳设计研究所（简称D.School）提出了EDIPT模型，其把运用设计思维开发产品的流程分为共情、定义、构思、原型和测试5个步骤，从而为产品创新提供了清晰的路径。通过学习这5个步骤的相关知识，大学生可以掌握设计思维的步骤和开发产品的路径，从而更好地运用设计思维解决实际的创新问题。

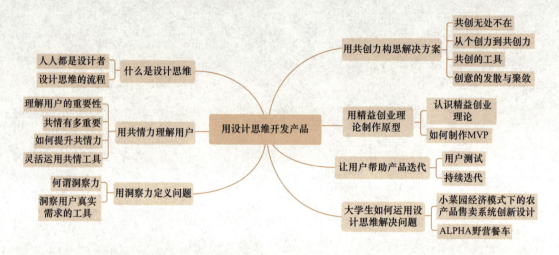

3.1 什么是设计思维

要解决复杂的问题，往往需要综合运用多方面的能力，跨领域团队合作正是实现这一点的有效途径。然而，不同领域的专业人士具有不同的视角和技能，这就提出了一个新的挑战——如何确保来自不同领域的成员能够有效地沟通与协作。

设计思维正是这样一种共通的设计语言，它不仅促进了团队内部的理解和交流，还提供了一套结构化的方法论来指导创新。

那么，设计思维是如何指导创新的呢？

3.1.1 人人都是设计者

其实，设计思维中的"设计"，既非造型，亦非审美，而是一种解决问题的思考方式。设计思维的早期提出者哈伯特·西蒙认为，设计思维是一种一般性的问题解决过程，通过建立"分析—综合—评估"模型来最终解决问题。世界顶级创意公司IDEO的首席执行官蒂姆·布朗做了进一步阐释：设计思维是一种利用设计者的感性和方法来解决问题，以使人们的需要在技术上可行和商业上可行的方式。换句话说，设计思维是以人为中心的创新。

可以说，设计思维更强调未来与创新，即从当前挑战及用户的需求入手，发现更多可能性，用创造性与可行性兼备的措施满足甚至超越用户的期望，这种发展性的思维甚至可能解决用户现在还没有想到的问题。也正因如此，设计思维才能应对更多的挑战，更好地完成创新实践活动。

如今，设计思维广泛应用于产品的设计与迭代、商业模式创新、组织创新、人力资源管理、社会化思考、人生设计、演讲、写作等领域。设计思维拥有一整套流程、步骤和工具，是我们每个人都可以学习的创新的方法论。有了设计思维，人人都可以成为设计者。

3.1.2 设计思维的流程

哈伯特·西蒙认为设计思维的步骤包括定义、研究、构想、原型、选择、应用和学习，且这些步骤可以同时进行并重复。表现设计思维的流程的模型有很多，其中斯坦福大学D.School的EDIPT模型获得的认可度较高。

EDIPT模型源于斯坦福大学D.School的设计创新课程开发成果，它将设计思维分为5个步骤：共情（Empathize）、定义（Define）、构思（Ideate）、原型（Prototype）和测试（Test）。

（1）**共情**：深入了解用户的痛点、忧虑与期盼等。

（2）**定义**：将用户的需要转化为明确的需要解决的问题。

（3）**构思**：寻求具有价值的问题解决方案。

（4）**原型**：用手制作模型，将抽象的解决方案转化为有形的产品。

（5）**测试**：全面测试原型，寻求产品迭代方向。

EDIPT模型并非简单的线性流程，而是先后逻辑顺序和非线性迂回迭代的融合，其迂回本质并不是缺乏组织或考虑，而正是设计思维以迂回的流畅性特征超越传统问题解决方法的核心所在。这种迂回建立在特定创新空间中，蒂姆·布朗用灵感（Inspiration）、构思（Ideation）、实施（Implementation）来刻画这个空间，并强调遵循需求性（Desirability）、可行性（Feasibility）、延续性（Viability）的原则。

EDIPT模型如图3-1所示。

（1）**灵感**：激发解决方案的问题或机遇。

（2）**构思**：创意开发过程。

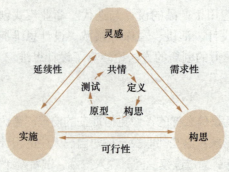

图3-1　EDIPT模型

（3）**实施**：创意市场化运作路径。

（4）**需求性**：创意对人们来说是有意义的。

（5）**可行性**：在可预见的未来，创意有可能实现。

（6）**延续性**：创意有可能成为可持续商业模式中的一部分。

　　EDIPT模型的主要优点在于后期获得的信息可以反馈到早期阶段，信息不断地被用于告知对问题和解决方案的理解，并重新定义问题。这创造了一个永久的循环，在这个循环中，设计者不断获得新的见解，创造审视产品及其可能用途的新方法，并产生对用户及其面临问题的更多理解。这一模型获得了广泛的认可和运用。

　　为了更深刻地理解设计思维中产品创新的路径，下文将结合微信开发案例具体讲解EDIPT模型中共情、定义、构思、原型和测试5个步骤的实际操作。

3.2　用共情力理解用户

　　从运用设计思维开发产品的整体流程来看，设计者需要具备一项重要的能力，即在"抽象"和"具体"之间跳跃的能力。设计者在"理解"和"创造"之间循环时，能够灵活地在落地性产品和抽象的概念之间自由移动，这可以帮助设计者快速完成创新设计的自我进化，防范不确定性带来的风险。

　　开发产品，需要经过包含共情、定义、构思、原型和测试的设计旅程，共情则是这段设计旅程的起点，设计旅程中的共情阶段如图3-2所示。在这一阶段，设计者的任务就是从具体的现象或事件出发，利用共情力充分理解用户，客观、清晰地了解用户及其所在环境的全貌。

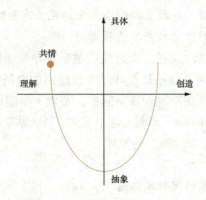

图3-2　设计旅程中的共情阶段

3.2.1　理解用户的重要性

用户是产品的最终实际使用人。一切商业活动的起点都是让用户获益，而用户获益的源头在于设计出对用户有益的产品。如果不理解用户的真实需求和期望，设计出的产品就无法使用户获益，商业活动就将无法顺利进行。

对于设计者而言，理解用户的重要性主要体现在以下几点。

（1）**减少产品开发成本：**通过对用户的理解，设计者可以更有效地利用资源，减少产品开发成本，创造出更成功的产品。

（2）**产品设计与优化：**对于新产品，理解用户可以帮助设计者明确用户需求，从而选定合适的设计方向，并做出可行的设计决策；对于已发布的产品，理解用户可以帮助设计者发现产品的问题，优化产品体验，使产品更加贴近用户的真实需求。

（3）**提升用户体验：**理解用户意味着设计者能够更好地设计功能和界面，使产品易于使用并解决用户实际问题，从而提升用户体验。

（4）**使用户建立信任：**当设计者真正理解用户的需求和期望时，可以使用户建立起信任，这种信任是企业长期发展的基石。

总之，理解用户是商业活动成功的关键，更是提升用户信任和满意度的基础，设计者只有真正做到深刻理解用户，才能设计出更符合市场需求的产品。

3.2.2　共情有多重要

从设计的角度看，设计者需要了解与设计有关的用户信息，如表3-1所示，这样才能抓住设计的方向，从而做出可行的设计决策。

表3-1　设计者应了解的用户信息

用户信息	具体内容
用户的基本信息	用户的年龄、性别、职业、教育背景、收入、消费偏好等
用户的购买动机	用户产生购买行为的生理动机和心理动机
用户的购买行为	用户的购买模式和习惯，包括购买什么、在何时购买、在何处购买、如何购买和由谁购买等情况
用户的使用场景	用户在办公室、家中、户外等不同场景使用产品时，可能会有不同的使用方式和使用需求，而使用方式、使用需求不同，设计的方向就不同
用户的需求和痛点	用户的需求和痛点是用户真实需求的直接反映，可以非常直观地帮助设计者确定产品的功能和特性，从而设计出更受用户欢迎的产品
用户与产品的交互行为	用户与产品的交互行为反映出用户的喜好，设计者可以通过观察用户使用产品时的操作步骤、眼神、手势等了解这一信息
用户的反馈	用户的反馈反映出他们对产品的看法和建议，这有利于设计者深层次挖掘和理解用户的真实需求，从而指导产品的改进和优化

一般来说，设计者可以通过市场调查、访谈、问卷等方式获取用户信息，从而达到

理解用户的目的。然而，人是复杂的个体，一个人很难完全了解另一个人，设计者理解的"用户"，也不一定是真正的"用户"。

当设计者通过常规调研工具了解用户时，有的用户可能会出现表达能力弱、理解偏差、记忆模糊等状况，有的用户可能碍于某些因素未能如实作答等。这时，设计者获取的用户信息只有一部分是真实的，如果设计者不考量信息的真实性，只做到表层的"理解"，则可能做出错误的决策。要进一步理解用户，设计者还需要仔细观察用户情态、语气、肢体动作等非语言的表达方式，设身处地地思考用户的感受、需求、期望和痛点，即设计者必须与用户共情。

共情又被称为同理心，从心理学角度来讲，是指一个人从别人的视角看问题和体会他人情感的能力，也就是换位思考的能力。

一个完整的共情过程可以分为发现、沉浸、连接、分离4个阶段，如图3-3所示。设计者需要通过研究用户的第一手资料、与用户接触或亲身体验用户的生活等，站在用户的角度体会用户的真实需求，与用户建立真实的情感连接，然后跳出用户的生活去重新思考与定义问题，以探索有效的解决方案。

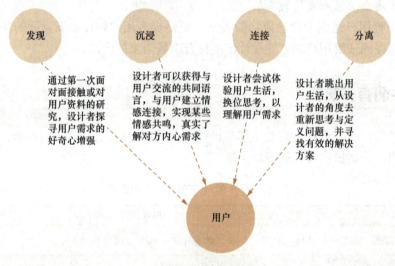

图3-3　共情过程

在日常生活中，共情发挥着重要作用。共情是每个人都应该具备的能力，它有助于我们建立更加和谐的人际关系，增强我们的社会连接。在职场中，共情是一项重要的软实力，作为贯穿整个职场生态的情感纽带，它在同事互动、跨部门合作及用户交流中扮演着至关重要的角色，有利于建立起相互尊重和理解的工作关系；在创新创业的过程中，共情更是不可或缺，设计者唯有深入理解目标用户的需求和痛点，才能设计出真正贴合市场脉搏的产品或服务，才能在激烈的市场竞争中脱颖而出。

当今，微信作为一款主流的通信软件，据2024年1月数据，其日活跃用户数已高达10.9亿。看到如此可观的数据，人们不禁好奇：在众多通信软件中，为何微信能够脱颖而出，成为几乎每个人手机中的必备应用？这与微信在开发、迭代的过程中体现出的设计思维息息相关。

张小龙团队自微信立项起，就时刻关注着用户。在微信的开发过程中，张小龙团队是如何与用户共情的呢？微信开发的共情阶段如图3-4所示。

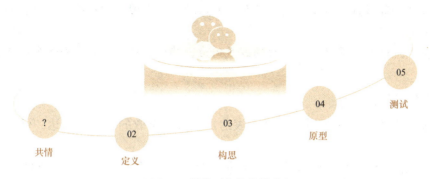

图3-4　微信开发的共情阶段

张小龙深知，要在激烈的市场竞争和腾讯内部的竞争中脱颖而出，必须深入了解用户的需求和痛点。为此，他提出了"小白思维"，要求团队将自己置于普通用户的角度去思考问题，亲身体验用户的生活场景，从而设计出更贴近用户实际需求的产品。张小龙本人也会投入大量时间研究用户的使用习惯。在微信开发初期，他甚至每天都会花费数小时浏览用户发布的帖子，以深入了解用户的真实感受。同时，张小龙团队将用户的抱怨视为发现需求的重要途径，他们不惧怕用户的负面情绪和不好的反馈，而是将其视为发现产品改进点的机会。

通过与用户共情，张小龙团队发现了最初开发微信时即时通信市场的许多问题，这些问题为微信的开发提供了明确的方向和目标。

- 短信费用高昂。
- 跨平台通信不便。
- PC端效率低下。
- QQ功能冗余导致资源占用空间过大，而当时的智能手机性能较差，难以搭载功能复杂的通信工具。

3.2.3　如何提升共情力

既然共情如此重要，那设计者就需要不断提升自己的共情力。

共情力是感同身受地理解他人的能力。其实在共情的定义中就已包含了"能力"的概念，但要注意的是，共情中的"能力"是指做某事的潜力，即每个人都具备共情的潜力；而共情力中的"能力"表示胜任力，即每个人的共情力都有明显的差异，但可以通过行动来提升。

要想提升共情力，我们首先要学会共情式倾听，同时还要学会进行共情式表达，最后通过核对共情自我检查清单，看看自己是否真正做到了共情。

1. 共情式倾听

共情式倾听是理解和感知他人情感的第一步，不仅要听对方说了些什么，更重要的是要理解他们话语背后的情感和动机。要想有效进行共情式倾听，可以遵循以下步骤。

（1）**全神贯注**：抛开自己，专注于对方的话语、语调和肢体语言。

（2）**鼓励表达**：使用开放式问题引导对话，给予对方充分表达的空间，避免情绪或偏见的干扰。

（3）**评估而非评判**：尝试从对方的角度看问题，理解他们的感受和动机，同时反思自己是否保持中立。

（4）**反馈确认**：用言语或非言语的方式回应，确认你已经理解了对方的感受，并表达你的支持。

2. 共情式表达

有效的共情不仅在于倾听，还在于表达。要进行有效的共情式表达，可以参考以下要点。

（1）**开放性提问**：以非侵入性的问题引导对话，显示你对对方观点的兴趣。

（2）**放缓节奏**：给对方足够的时间思考和回答，不要急于打断对方或推进话题。

（3）**避免急躁判断**：在完全理解对方表达的意思之前，不要轻易下结论或提供建议。

（4）**注意肢体语言**：确保你的肢体语言传达出关心和支持的态度。

（5）**回顾过往经历**：适时提及自己类似的经历，但要小心不应将焦点转向自己。

（6）**让故事充分展开**：给对方完整讲述故事的机会，不要急于得出结论。

（7）**设定边界**：在共情的同时，为自己设定情感界限，不让自身被过度影响。

3. 共情自我检查清单

为了确保在与人交流时能够真正做到共情，可以定期使用以下共情自我检查清单（见表3-2）来进行自我评估。

表3-2　共情自我检查清单

检查项目	内容	是否做到
诚实	清楚地看待自己，准确地理解他人	
谦逊	认识到自身的局限性和他人的价值	
接纳	接纳自己和他人的不完美	
宽容	能够深入理解并包容他人的差异	
感恩	以感激的心态体验世界并与之互动	
信念	坚信人们心中基本的善良	
希望	对未来持有积极的态度	
宽恕	学会原谅自己和他人	

能力提升训练

　　共情和同情虽只有一字之差，但在人际交往中引发的情感共鸣与行动响应却大相径庭。共情是深入对方内心，体验其情感与境遇，并采取相应的行动；而同情则更多表现为对对方不幸遭遇的遗憾与怜悯。例如，在寒冷的夜晚，你的汽车抛锚了，你被困在一个偏僻的地方。A立即出发前往你所在的位置，还带上了热饮、毯子和其他应急用品，并且协助你联系道路救援服务，这就是共情。B打来电话说："真糟糕，你一定很冷吧，希望你能尽快得到帮助。"这就是同情。

扫一扫

共情力测试

其实，从一件小事上，便能大致了解一个人的共情力。但是，对于自我共情力的高低及改进方向的具体判定，则需要通过专业的量表来实现。人际反应指针量表是目前广泛使用的评估工具之一，它能够便捷且有效地测量个人的共情力。通过该量表，个人可以深入了解自己的共情力水平，并识别出可以改进的方向。

通过持续的努力和实践，我们可以逐渐提升自己的共情力，成为更加理解和关心他人的个体。如果你的朋友遇到一些状况，你会怎么做呢？表3-3中列举了一些场景，试着用同情和共情两种方式进行沟通。注意，在共情时要尽量站在对方的角度思考，提出切实可行的方案。

表3-3 不同场景下的同情与共情

场景	同情	共情
朋友在健身房锻炼时，不小心扭伤了脚踝		
朋友在准备一场重要的演讲，但突然发现自己的演讲稿不见了		
朋友最近在搬家，需要整理很多物品，还要适应新环境		

3.2.4 灵活运用共情工具

在与用户共情的过程中，设计者面对的是纷繁复杂的信息海洋。为了将这些信息进行系统化、结构化的整理，并从中提炼出有价值的见解和结论，设计者通常会采用一系列共情工具，其中共情地图和用户体验地图尤为关键。

1. 共情地图

共情地图又称同理心地图，是可以帮助设计者深入理解用户的一种工具。共情地图是产品设计初期非常好用的一个工具，可以帮助设计者梳理从共情中获得的信息，使用户需求可视化。通过共情地图，设计者可以为下一步建立逻辑关系和寻找设计中的张力点奠定基础。

通用的共情地图通常包含4个不同方面的概述，即想法、感受、语言和行为；此外，在共情地图底部通常还包含"问题"和"需求"两方面的内容。共情地图如图3-5所示。

这种结构化的布局有助于全面捕捉用户的内外部体验，确保设计者能够从多个角度理解用户的真实情况。通常，共情地图最好在与用户共情结束之后制作，其内容应基于从共情中获得的真实信息。

2. 用户体验地图

设计思维强调以人为本，设计者需要了解用户，洞察用户的需求。有些设计者为了获得用户的真实感受，除了进行实时实地的调研，还会选择融入用户环境，在对方不知情的情况下观察对方。设计者在调研和观察用户时，还要保持同理心、同情心，摈除偏见和自己的预期假设，真实理解用户的实际需求，这样才更容易与用户产生共鸣。

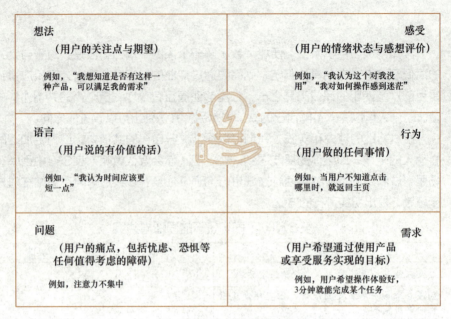

图3-5　共情地图

用户体验地图能够帮助设计者清晰地勾勒出用户在产品使用不同阶段的行为、想法和情绪，从用户的综合体验中挖掘痛点背后的产品改进机会。

用户体验地图从布局上分为上、中、下3个大的板块。上面部分是关于用户的信息，包括用户画像、用户使用产品的场景、用户想要达到的目标；中间部分是在产品使用的不同阶段，用户的行为、想法和感受、情绪曲线；下面部分是对应的痛点和机会分析。用户体验地图示例如图3-6所示。示例中，设计者通过共情晚归的用户使用共享单车的过程来理解用户痛点，探索创新设计的方向。

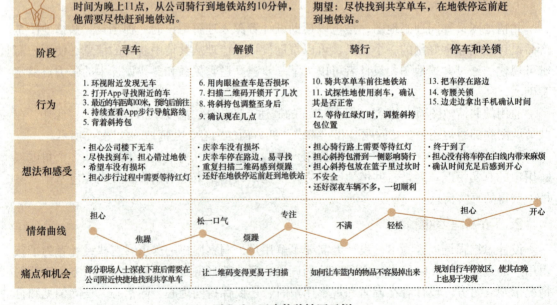

图3-6　用户体验地图示例

3.3　用洞察力定义问题

在共情之后，设计旅程进入了第二阶段——定义阶段（见图3-7）。这一阶段的核心任务是进一步探究和引申具体现象或事件背后的深层逻辑与用户行为动机，从而精准洞察用户的真实需求和痛点。这要求设计者运用批判性思维和分析能力，将纷繁复杂的具体现象转化为抽象的思考结论，直达问题的本质。

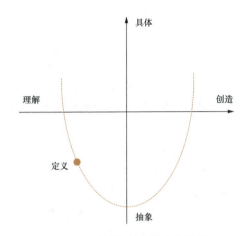

图3-7　设计旅程中的定义阶段

3.3.1　何谓洞察力

生活中我们常听到"洞察"这个词，那到底什么是洞察呢？洞察就是深刻理解用户后，发掘出令用户信服的点子的过程。建立对用户需求和痛点的深刻洞察，是准确定义问题的基石。

洞察力则是指深入事物或问题，通过表面现象判断出事物与问题背后本质的能力。具备洞察力的人往往能够通过分析和综合各种信息，发现不同因素之间的相互作用和影响，从而识别出问题的关键点、趋势的变化及未来的可能性，以指导决策和行动。

总的来说，洞察力是一种综合能力，主要包括以下能力。

（1）**由表及里的能力：** 能够从表面现象出发深入分析事物的本质。

（2）**由小见大的能力：** 能够从细节中发现重点，甚至发现整体的规律和趋势。

（3）**去伪存真的能力：** 能够辨别真伪、现象和事实的差异，通过对不同来源的信息进行分析和比较，判断信息的可信度和价值。

（4）**由此及彼的能力：** 能够从一个问题或情境中推导出其他相关问题或情境。

（5）**由近及远的能力：** 能够根据现状与发展预见未来的趋势和变化。

在创新创业领域，设计者不能仅满足用户的表面需求，还需要挖掘用户的底层需求，提供超出用户预期的方案。只有这样，才能真正赢得用户的信任和忠诚，并在竞争激烈的市场中脱颖而出。

张小龙团队在与用户共情并找出问题后，是怎样梳理这些问题，看到用户的本质需求，从而准确地定义问题的呢？微信开发的定义阶段如图3-8所示。

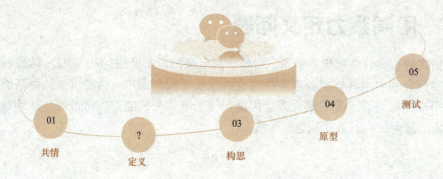

图3-8 微信开发的定义阶段

基于共情阶段获取的信息，张小龙团队将用户在即时通信领域的实际使用情况、使用习惯、负面情绪反馈转化为一系列具体问题，进而明确了其在微信开发过程中需要重点攻克、切实解决的问题。

● 如何提供一种比短信更经济实惠的消息传递方式？

● 怎样设计一个可以在多个平台间高效工作的应用？

● 怎样开发一个简洁直观的应用，使用户能够轻松地进行交流？

● 在智能手机硬件条件有限的情况下，如何确保应用在各种设备上流畅运行而不占用过多资源？

从本质上说，可以用3个关键词概括用户的核心需求：简约、高效、低成本。基于此，张小龙团队确定了微信开发的根本任务：打造一款"小而美"的即时通信工具。这不仅是对用户需求的高度提炼，更是张小龙团队在开发微信的过程中始终坚持的原则和方向。

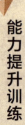

能力提升训练

提升洞察力的关键在于从多个角度思考每一条信息，找出隐藏在其中的多种含义。神经科学家们常常通过一种名为邦加德问题的游戏来锻炼洞察力。此游戏设定了12张图片，并已依据某种特定规则将它们分为左右两组，每组6张。要解开谜题，关键在于洞察两组图片间的差异。

扫一扫

邦加德问题
的答案

例如，在图3-9中，左边这组的6张图片都是三角形，而右边这组的6张图片都是四边形。

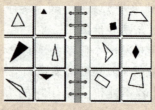

图3-9 邦加德问题示例

试着洞察图3-10所示的各个问题中左右两组图片的差异，分别找出其分组的规则。

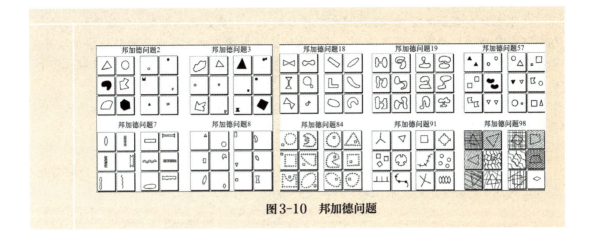

图3-10　邦加德问题

3.3.2　洞察用户真实需求的工具

在共情结束后，设计者需要进一步收敛和提炼信息，力求在信息挖掘深度上实现突破。5why分析法、第一性思考、用户需求陈述，以及HMW问题等工具能够引导设计者拨开表面现象的迷雾，精准捕捉用户的真实需求，并深刻洞察用户亟须解决的核心问题。

1. 5why分析法

5why分析法又称5问法，即针对一个问题连续以5个"为什么"进行自问，以探究其根本原因。虽名为5个"为什么"，但使用时不局限于5次"为什么"的探讨，重点是找到根本原因，有时可能只要3次，有时也许要10次。

5why分析法的目的是鼓励设计者避开主观或自负的假设和逻辑陷阱，从结果顺藤摸瓜，找出问题的根本原因。示例如下。

- 为什么要考研？是为了获得更高的学历。
- 为什么要获得更高的学历？是为了找到更好的工作。
- 为什么要找到更好的工作？是为了获得更多的报酬。
- 为什么要获得更多的报酬？是为了过更好的生活。
- 为什么要过更好的生活？是为了获得更充足的幸福感。

2. 第一性思考

第一性思考是指思考问题时，从无法再分割的最底层开始，通过逻辑和常识层层向上推理，以得到最终的答案。第一性思考要求设计者思考问题时具有足够的深度，跳出现象层面的争论，直达问题的本质。

案例分析

小米的性价比策略

在智能手机市场发展初期，高端手机的价格普遍较高，而低端手机的质量和用户体验往往不尽如人意。大多数厂商通过品牌溢价、渠道费用等手段保持高利润，但这也导致了产品价格居高不下。

小米创始人雷军决定从底层思考智能手机的成本构成。他意识到，智能手机的核心组件（如处理器、屏幕、摄像头等）在全球供应链中是可以大规模采购的标准化组件。如果能够绕过传统渠道，直接从供应商处采购这些高质量的组件，并通过互联网销售平台直接面向用户，就可以大幅降低成本。

通过种种策略，小米成功推出了高配置、低价格的智能手机，产品迅速赢得了广大用户的青睐，小米也成为全球知名的智能手机品牌之一。

点评

小米的成功不仅在于其产品的高性价比，更在于它通过第一性思考颠覆了传统商业模式，找到了一条全新的发展道路。

3. 用户需求陈述

要想清楚地定义问题，就要深入理解用户的行为和动机，而要实现这一目的，则可以通过撰写用户需求陈述来达成。用户需求陈述也称为问题陈述或观点陈述，用来阐述并总结用户是谁、用户的需求是什么，以及为什么满足某种需求对用户很重要等问题，从而帮助设计者正确定义当前需要解决的问题。

通常来说，好的用户需求陈述包含3个要素：用户、需求和洞见。用户需求陈述的模板及示例如图3-11所示。

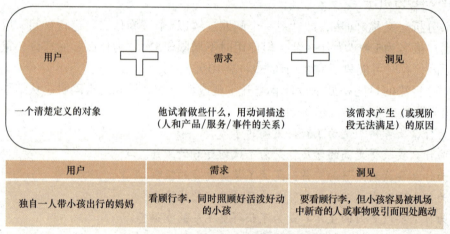

图3-11　用户需求陈述的模板及示例

撰写用户需求陈述的步骤如下。

（1）**第一步：设定范围**。在不同的环境下，用户需求可能是复杂的、多方面的，为了准确定义问题，设计者就需要根据设计目的设定用户需求陈述的范围。

（2）**第二步：开展用户研究**。通过用户访谈、实地调研、共情等方式，加深对用户需求的理解。

（3）**第三步：生成要素，并将不同的要素组合起来**。利用用户研究数据，生成带有特征标签的用户描述、需求和目标3个变量（一个变量中可以包含多个要素）。单独考虑每个要素的必要性，再将不同的要素配对组合，直到得到代表用户真实需求的陈述。

（4）**第四步：迭代用户需求陈述**。用户需求陈述的初稿完成后，设计者还可以尝试改变要素的组合和搭配，对用户需求陈述不断进行迭代。在迭代用户需求陈述时，设计者可以思考：是否将用户的需求视为一个动词，而不是一个名词？能基于这份用户需求陈述构思方案吗？满足此需求对用户的生活意味着什么？

（5）**第五步：评估方案是否可行。**如果设计者要满足用户的需求，怎么知道自己的方案是否成功呢？此时，就可以通过用户满意度、退货数量、回购或续订数量、用户推荐产品的可能性等数据进行评估。

4. HMW问题

HMW是"How might we"英文首字母的缩写，意思是"我们如何才能……"。在洞察了用户面对的困难以及未被满足的需求后，设计者就可以把模糊的问题转化为具体的、可解决的HMW问题。例如，

- 我们如何才能让妈妈专心照顾小孩？
- 我们如何才能提升机场安全性以防止小孩走丢？
- 我们如何才能让小孩不容易被分散注意力？

或者，

- 我们如何才能让维修等待时间变得有趣？
- 我们如何才能缩短用户感知到的维修等待时间？
- 我们如何才能加快维修速度以减少维修等待时间？
- 我们如何才能改进维修工具以加快维修速度？

这样，通过HMW问题，设计者就可以更加深刻地洞察问题的根源，从而找准设计的方向和目标。

案例分析

永璞咖啡：洞察用户需求，打造本土精品咖啡品牌

在中国市场，咖啡作为一种舶来品，在新消费趋势下如何将其融入国内用户的生活，并赋予其本土文化特色，是每一个咖啡品牌都要面对的重要课题。2014年，怀揣着"做一杯好咖啡"的品牌愿景，侯永璞成立了永璞咖啡。

创业初期，受限于资金和市场需求，永璞咖啡选择了相对保守的策略，专注于提供针对大众市场的便捷咖啡。通过瞄准传统速溶咖啡与线下精品咖啡馆之间的价格空当，永璞咖啡主打单价为5～10元的产品，以挂耳咖啡为起点，既满足了现代人对口感、便捷性和健康的追求，也有效降低了品牌的试错成本。

彼时兼任客服的侯永璞在一次次直面用户的沟通中，逐步积累了丰富的市场知识与底层认知。正是这种贴近用户的沟通方式，让侯永璞意识到便携式咖啡浓缩液的潜在市场。这一灵感推动了永璞咖啡在2017年取得的重大突破——与青岛一家咖啡加工厂联合研发出国内首款便携冷萃咖啡液，开创了"咖啡液"这一新品类。2020年，为了让"随时随地喝上好咖啡"变为可能，永璞咖啡研发团队与日本团队合作，引入闪萃锁鲜罐装技术。由此诞生的新品常温闪萃咖啡液一经推出，销售额即高达1亿元，得到了用户的一致好评。

从挂耳咖啡到冷萃咖啡液，永璞咖啡的产品逻辑始终围绕着"便捷"这一核心理念。通过对目标用户生活场景的深入探索，永璞咖啡不断拓展用户适合品尝咖啡的场景，而不仅仅是简单地将线下消费场景复制到线上。这一策略不仅满足了现代人对便捷性的需

求，更让咖啡成为人们生活中很重要的一部分。

永璞咖啡不仅关注咖啡的风味，还利用充满创意的包装展现咖啡风味之外的视觉之美，形成了极具辨识度的产品外观。这些包装不仅令人眼前一亮，更成为永璞咖啡打开消费市场的"财富密码"。

点评

永璞咖啡的成功，离不开对用户需求的深刻洞察。从产品定位到包装设计，再到产品线的拓展，永璞咖啡始终将用户放在首位，通过不断探索和创新来满足用户多样化的需求。正是这种以用户为中心的发展理念，让永璞咖啡在竞争激烈的咖啡市场中脱颖而出，成为极受关注的本土精品咖啡品牌。

3.4 用共创力构思解决方案

在共情阶段，设计者会接触用户，了解用户所处的真实环境；在定义阶段，设计者对信息进行深度理解，提取具有一定代表性的概念，找准接下来设计的方向和目标。至此，设计旅程已经过半，到达了构思阶段，如图3-12所示。在构思阶段，设计者需要通过团队共创找到优秀的创意，并且真正实现这个创意。

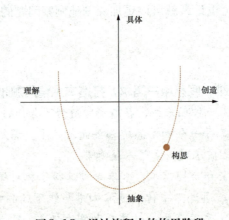

图3-12 设计旅程中的构思阶段

3.4.1 共创无处不在

共创是指参与者基于各自投入的资源，让这些资源发生"化学反应"，从而创造比单一资源更大的价值。

萨拉斯教授在《卓有成效的创业》一书中用"疯狂被子"来比喻共创。在这一比喻中，每个人都是五颜六色的布条，有不同的个性、兴趣和资源，如果将不同的布条拼凑起来缝合成一床被子，会产生不同的结果，而且这些结果都是无法预测的，充满各种可能性。

在创新创业中，共创尤为重要，尤其在资源稀缺、目标未成型时，需将资源视为"化学反应"的要素，而非威胁。共创不应局限于团队内部，更需拓展至用户等利益相关者。

例如，澳大利亚个护品牌Thank You就是从解决全世界缺清洁水源问题的公益活动开始，然后和厂家、分销商等利益相关者进行有效的共创，取得了创业的成功。阿里巴巴、华为、腾讯等生态型企业利用品牌、用户、技术等闲置资源帮助生态伙伴，在他们原有资源的基础上，共创出无以数计的新产品、新品牌、新公司和新价值。

不仅创新创业的过程中存在共创，自然界和人类的各种活动中也普遍存在共创。动物界的蚂蚁搬家、蜂群酿蜜，植物界的光合作用，人类社会的群居与大生产，等等，都是共创。

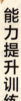

能力提升训练

下面有20个空心圆圈，请你在这些圆圈中任意增添几笔，使空心圆圈变成其他的图案，例如，你可以将其绘制成一张笑脸、一个足球等，限时2分钟完成。

绘制完成后，数一数自己一共画了几个；然后与同学交流自己总共绘制的圆圈数量，以及绘制了哪些图案；最后思考自己在这一过程中遇到了什么样的阻碍，将其填写在下方的横线上并与同学交流。

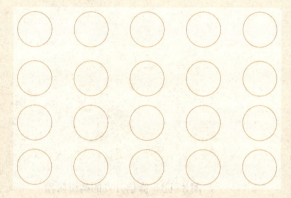

在这一过程中，你遇到的阻碍是：_____

_____

_____

3.4.2 从个创力到共创力

个创力，简单来说，就是一个人在自己擅长的领域里，用独特的视角、经验和技能，想出别人没想到的新点子、创造出新东西的能力。科学家通过独立研究提出新的理论，艺术家凭借个人灵感创作出震撼人心的作品，企业家依靠敏锐的市场洞察力开拓新的商业模式，这些都是个创力的表现。个创力就像创新的种子，长在每个人心里，靠着人们的热情和对世界的理解发芽并逐渐成长。

共创力是共创活动开展的基础，是多个个体或群体通过协同合作，将各自的优势和资源结合起来，创造出超出单个个体或群体所能实现的价值的能力。这种合作不是简单的人多了就力量大，而是通过互相学习、交流和补充，让每个人都发挥出最高的水平。没有共创力，共创活动就难以进行。

尽管个创力至关重要，但在许多情况下，仅靠个体的努力难以应对复杂的挑战。这时，共创力就显得尤为重要。例如，现在的用户不再只是买东西的人，他们也参与产品的研发、设计和生产，用自己的知识和技能帮助企业创造更好的产品。在这个多方共创的过程中，用户自己也得到了更好的产品体验。

从个创力到共创力，不仅是创新模式的改变，更是思维方式的革新。在未来，随着技术的进步和社会需求的变化，共创力将继续发挥不可替代的作用。

对于张小龙团队来说，在确定了微信的开发方向之后，他们就需要构思问题的解决方案，而这个过程依赖团队成员的高效共创。

在团队的组建上，张小龙始终秉持着"小而美"理念。张小龙提到："如果一个100人的团队做不出一个产品，就算有1000人也照样做不出来，甚至做得更差。"可见，张小龙认为，互联网产品成功的关键在于创造力，而不是简单地增加人力。

那么，这个"小而美"的团队是如何在共创中构思并找到优秀创意，从而将其实现的呢？微信开发的构思阶段如图3-13所示。

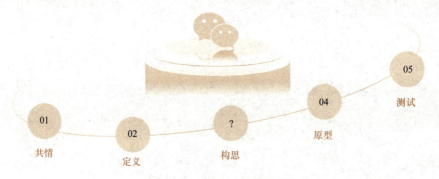

图3-13　微信开发的构思阶段

张小龙团队在调研、讨论中发现，熟人之间的联系更加紧密、更具有黏性，更符合"简约、高效、低成本"这3个关键词。基于此，他们充分发散思维，将"熟人社交"确定为微信的核心定位。根据这一定位，张小龙团队认为微信的开发应该注意以下要点。

- **减轻社交压力**：例如，不展示信息的读取状态。
- **尊重用户隐私**：例如，不直接读取用户的QQ好友列表和手机通讯录。
- **不遗漏信息**：例如，微信永远处于在线的状态。
- **能够更好地分享生活**：例如，用户可以把手机里的照片便捷地分享给好友。

其实，现在的微信的每一个功能都是张小龙团队深思熟虑后的结果。以微信是否要展示信息的读取状态为例，当时，腾讯内部开会激烈讨论了两天，最终决定不展示信息的读取状态，原因是在熟人社交中不应该给用户很大的社交压力。除此之外，张小龙团队还在UI（User Interface，用户界面）风格、系统的稳定性、跨平台社交、用户社交成本等多个方面进行了深入的探讨和研究，这为微信的开发奠定了坚实的基础。

3.4.3　共创的工具

团队共创画布是一个对组建高效的团队特别有帮助的综合性的工具。

团队共创画布如图3-14所示。在组建团队初期，可以使用该画布基于想法梳理团队资源、明晰团队目标、明确分工及合作规则，为后续的高效共创打下坚实的基础。此外，团队共创画布还可以作为团队持续改进和优化的参考依据，以此帮助团队在不断变化的环境中保持竞争力和创新能力。

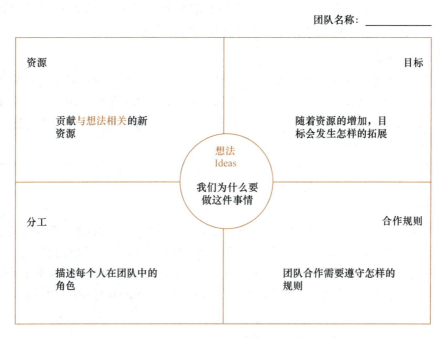

图3-14 团队共创画布

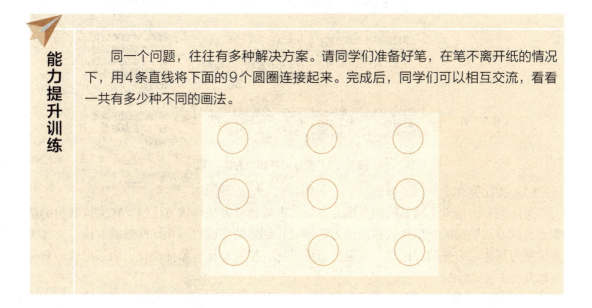

能力提升训练

同一个问题，往往有多种解决方案。请同学们准备好笔，在笔不离开纸的情况下，用4条直线将下面的9个圆圈连接起来。完成后，同学们可以相互交流，看看一共有多少种不同的画法。

3.4.4 创意的发散与聚敛

创意的火花往往是在共创中被点燃的。共创的过程主要分为两个关键阶段：发散与聚敛。在发散阶段，团队成员吸收信息、理解问题、分解挑战，并在此基础上自由发挥想象力，提出尽可能多的创意；而聚敛阶段则是对发散阶段产生的众多创意进行整理、分类和组合，筛选出最可行的创意，并琢磨如何具体应用。

这两个阶段并不是孤立的，而是相互交织、不断循环的。在共创的过程中，团队会不断地进行发散与聚敛的切换，直到找到那个最能够帮助他们达成目标的创意。这种方法确保了创意的质量和实施的可能性，是实现高效创新的有效途径。

1. 创意的发散

创意强调思维的广阔性、变通性、层次性与独特性，个人与团队思维的质与量将决定创新活动所能取得的效果。通常意义上，创意越多，创意的创新性、可实现性和实用性就越强，而这一切都建立在创意的发散上。也就是说，在发散阶段，应充分发挥团队共创的力量，尽可能多地获得创意。

我国学者刘仲林在其著作《美与创造》中将发散创意的方法分为4类——联想类方法、类比类方法、组合类方法和臻美类方法。

（1）联想类方法

联想类方法是以联想为主导的发散创意方法，其提倡抛弃陈规旧律，打开想象之门，由此及彼，不断地进行创意的发散。例如，夏天看到火热的太阳，就会联想到树荫，再联想到森林及山顶，最后联想到滑翔翼，于是便可以在太阳和滑翔翼这两个似乎毫不相关的物体之间建立联系。常见的联想类方法包括纵向联想、横向联想与关联联想3种，如图3-15所示。

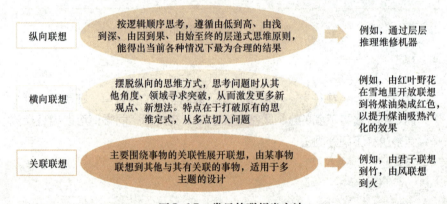

图3-15　常见的联想类方法

（2）类比类方法

类比类方法是以不同事物的类比为主导的发散创意方法。该方法建立在大量联想的基础上，以不同事物的相似点或相同点为基础寻找创意的突破口。相比联想类方法，类比类方法更为具体。常见的类比类方法包括直接类比、拟人类比、象征类比、因果类比、对称类比及仿生类比6种。

（3）组合类方法

组合类方法就是将两种或两种以上的事物的部分或全部进行有机的组合、变革或重组，从而创造新产品、产生新思路的发散创意方法。

（4）臻美类方法

臻美类方法是指以达到理想化的完美性为目标的发散创意方法，它对产品进行全面审视，属于最高层次的发散创意方法。这类创意方法主要是找出产品的缺点，并对其进行改进，使其更完美、更有吸引力。希望点列举法、缺点列举法等都属于臻美类方法。

2. 创意的聚敛

站在创新创业的角度看，创意要转化为有价值的商业产品才有意义。这就需要设计者对创意进行聚敛，找到其中最为可行的创意。在聚敛阶段，我们需要依据一定的原则快速聚焦到一个创意上来，将这个创意推进到下一步，进行原型制作。以下是帮助设计者进行创意聚敛的工具。

（1）想法聚类

在发散阶段，可能会产出大量的创意，此时可以根据一些分类标准对所有的创意进行分类，将相同性质的创意归为一类，以便于团队进一步筛选和决策。在制定分类标准时，可以按照创意是否可行、创意是否能创造价值、创意是否受用户喜欢等进行划分。

（2）IDEO可行性分析工具

IDEO提供了一个非常好用的创意聚敛工具——IDEO可行性分析工具，它从需求性、技术可行性和商业永续性3个层面对创意进行评估，再结合评估结果形成最终方案，如图3-16所示。

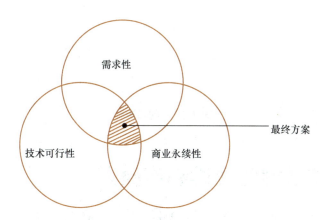

图3-16　IDEO可行性分析工具

● **需求性：** 需求性意味着创意能够满足用户需求的程度。设计者在考虑某个创意是否具备需求性时，要真正站在用户的角度，充分理解用户使用创意解决方案的场景并努力解决用户的问题。创意首先要满足用户的需求，否则其将丧失创造的价值。

● **技术可行性：** 通常情况下，创意或者创意解决方案都有一定的技术要求，例如，某创意被要求在一个月内转化为成品，如果技术无法助其实现这一目标，那么该创意就不可行。创意的技术可行性要求可行的解决方案应当建立在当前运营能力的优势之上。

● **商业永续性：** 商业永续性是指创意既能为用户创造价值，又具有经济保障。这要求创意解决方案能够建立赢利的、可持续的商业模式。商业永续性主要考虑3个层面。

① 商业目标能否实现，即用户是否愿意为该创意解决方案付费。

② 考虑用户的预算，创意解决方案的售价应在用户的预算范围之内。

③ 投入与产出要成正比，否则，设计者应考虑其他创意解决方案。一般而言，回报既可以是现金，也可以是其他可以量化的收获，如股权增资等。

如果创意解决方案缺失了其中任何一个条件，其实施成本和风险就会更高；相反，如果创意解决方案能满足这3个条件，那么其将有非常大的成功机会。

（3）创新矩阵

如果创意较多，还可以通过创新矩阵挑选合适的创意，图3-17所示即为创新矩阵。该图中，x轴代表该创意的市场需求是否强劲，y轴代表该创意在技术上是否可行。将发散阶段获得的创意按照市场需求和技术可行性两个维度进行讨论和评价，再将评价的结果标注在创新矩阵上。最终，位于第一象限的创意就是相对合适的创意。

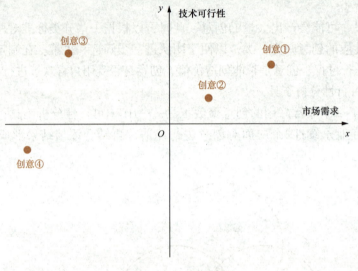

图3-17　创新矩阵

3.5　用精益创业理论制作原型

设计者经过了前面的共情、定义和构思阶段，确定了最终的设计方向后，下一步就需要进行实际的产品开发，将创意一一转化为现实，使设计旅程进入原型阶段，如图3-18所示。

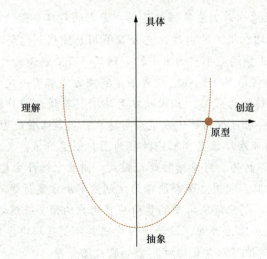

图3-18　设计旅程中的原型阶段

这个具象化的实现过程很难一蹴而就，需要不断尝试、失败、再尝试，还需要不断投入人力与物力。处于初创时期的团队受资源限制，迫切需要一种投入低、见效快的产品开发方法。精益创业理论提供了相关的方法论，能够帮助初创团队进行产品开发。

3.5.1　认识精益创业理论

设计思维是一种以用户为中心的思维，它旨在通过深入的市场研究、用户调研和分析，找到更好的解决方案；而精益创业理论则提倡一种快速迭代的商业模式，它通过不断试错和优化来解决商业问题。

设计思维更注重产品的创造，而精益创业理论则更注重商业模式的实现。在制作原型的阶段，设计者可以在运用设计思维的同时巧妙衔接精益创业理论，以节省产品开发的时间和金钱成本。

1. 精益创业理论

IMUV联合创始人及首席技术官埃里克·莱斯在丰田"精益生产"思想的基础上，发展出了精益创业理论，并在《精益创业：新创企业的成长思维》一书中阐述了相关理论。在精益创业理论中，产品开发者能够低成本、高效地进行产品开发。

（1）什么是精益创业理论

精益创业理论认为产品开发过程应该从一个想法开始，先制作一个具备最低限度功能的原型，然后通过用户测试获得关于用户对该原型的反馈，以快速完善想法，然后不断地试验和学习，以最低的成本和有效的方式验证产品是否符合用户需求，以便灵活调整设计方向，通过多次循环迭代，创造出符合用户需要的产品。精益创业理论下的产品开发过程会经历"想法→开发→原型→测试→数据→学习→想法"的循环，如图3-19所示。

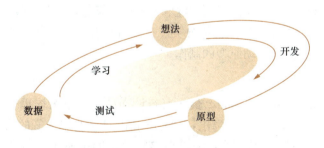

图3-19　精益创业理论下的产品开发过程

（2）精益创业理论的工具

精益创业理论的思路是进行验证性学习，先向市场推出极简产品（即原型），在此基础上通过迭代完成产品的优化。精益创业理论的工具如表3-4所示。

表3-4　精益创业理论的工具

工具	具体内容
原型	通过一定介质将头脑里的想法在物理世界呈现出来，它可以直观地呈现给团队中的其他成员甚至早期用户，通过高效、低成本的方式来表达、测试并验证想法的价值
用户测试与反馈	让特定的用户使用原型，再通过直接或间接的方式，从用户那里获取针对该原型的意见，可以通过用户反馈渠道了解关键信息。用户满意度是衡量原型质量的唯一指标

（续表）

工具	具体内容
快速迭代	要想快速地适应不断变化的需求，团队就要不断推出新的版本满足或引领需求。但快速迭代并不意味着一次性满足用户的需求，而是要通过一次又一次的迭代不断完善产品的功能，以使产品贴合市场需要，提高成功率

（3）精益画布

对于初创团队而言，精益画布非常关键。创业初期，资源较少、团队掌握的经验较少、对于市场的认知不足，需要尽量节约成本、高效行动，而精益画布此时就能发挥作用。精益画布可以帮助初创团队在产品开发前的规划中更有逻辑和头绪，快速聚焦关键点。其已经被众多创业公司使用，能助力他们做出理想产品。精益画布如图3-20所示。

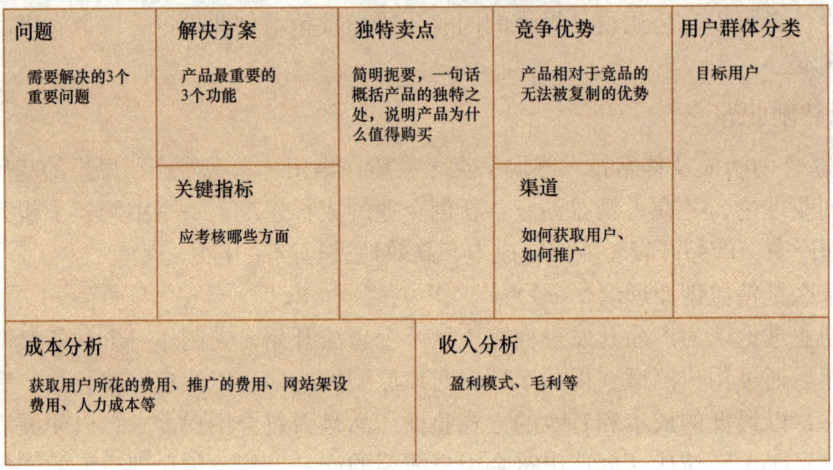

图3-20　精益画布

精益画布的设计者认为，团队必须关注和研究的要素包括问题、解决方案、关键指标、独特卖点、竞争优势、渠道、用户群体分类、成本分析和收入分析。由此，初创团队可使用精益画布进行产品分析，推动原型的制作。

2. MVP

MVP（Minimum Viable Product，最小可行性产品）最早由埃里克·莱斯在《精益创业：新创企业的成长思维》一书中提出："MVP指的是企业用最低的成本开发出的可用且能表达出核心理念的产品版本，其功能极简但能够帮助企业快速验证对产品的构思，以便于企业在获取用户反馈后持续迭代优化产品、不断适应市场环境。"MVP通常具有以下特点。

（1）**能体现创意：**MVP建立在产品开发思路之上，自然能体现创意。

（2）**核心理念：**MVP是能帮助团队表达产品核心理念的产品。

（3）**功能极简：**MVP只需要保证产品基本满足用户需求即可，其他冗余功能可能导致用户判断失误，进而导致产品决策失误。

（4）**能够演示和测试：**MVP需要用于收集用户反馈，且其往往会不断迭代，因此必须能够演示和测试。

（5）**开发成本尽可能低，甚至为零：**MVP主要用于实现低成本快速试错，从而使团队以较低成本尽快推出完善的产品。

在产品开发中，MVP是一种具有刚好能满足早期目标用户需求的功能，并为未来的产品开发提供反馈的产品。MVP的核心是聚焦，要求团队抓住核心的产品功能或流程，去掉多余或高级功能。例如，用户的需求是能坐，那么MVP就是凳子，而非椅子甚至高科技的多功能椅。团队需要设计并制作出MVP，但是如何开发一个良好的MVP，却是困扰很多团队的问题。

3. 精益创业理论的应用案例

从2010年11月20日微信正式立项，到2011年1月21日微信正式发布针对iOS系统的微信1.0版本（安卓版紧随其后，于1月24日发布），张小龙团队仅用了两个月时间。此后，微信迅速迭代，上线433天时用户数突破1亿，上线2年后用户数达到3亿。在这一过程中，张小龙团队究竟是如何做到快速推出原型并不断优化的呢？微信开发的原型阶段如图3-21所示。

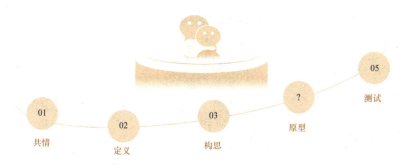

图3-21　微信开发的原型阶段

在微信的原型阶段，张小龙团队以最快速度推出了具有核心功能的微信，并通过快速迭代和持续学习不断优化产品，这充分体现了精益创业理论的理念。其实，张小龙团队发布的每一个微信版本都是一个MVP，旨在验证构想并从中学习。

扫一扫

微信早期的
开发路径

微信1.0版本是展示张小龙团队最初构想的一个原型，也是微信的第一个MVP。微信1.0版本符合微信最初的定位——一款"小而美"的即时通信软件。但该版本功能简单、缺乏特色，仅是一个粗糙的普通产品，所以没有受到太多的关注。微信1.0版本的界面如图3-22所示。

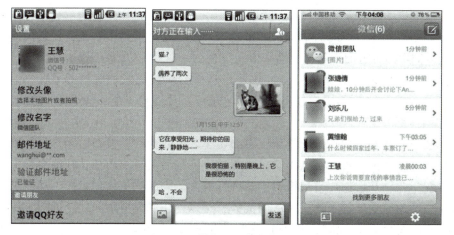

图3-22　微信1.0版本的界面

但微信1.0版本为张小龙团队提供了一个验证构想、获取市场反馈和进一步了解用户需求的契机。通过少数尝试性用户的反馈，张小龙团队逐渐明确了产品的方向，并开始对产品进行迭代优化。例如，张小龙团队从用户反馈中意识到，微信1.0版本的"快速消息"功能并未触及用户的实际需求，因为在当时，用户通常连运营商提供的包月短信套餐里的短信条数都用不完。随后微信1.2版本转向"图片分享"，可是市场反应冷淡，并不符合张小龙团队"图片为王的移动社交"的构想。

微信2.0版本是张小龙团队在极短时间内的又一次试错，也是微信一个极为重要的MVP，用以验证语音对讲功能是否为市场喜爱。从用户在手机上输入内容的便利性出发，张小龙团队将语音对讲功能作为微信2.0版本的主要突破。微信2.0版本一经推出，便引爆了市场，用户数量出现井喷式增长。微信2.0版本的界面如图3-23所示。

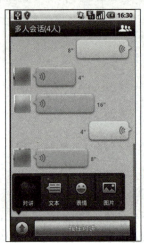 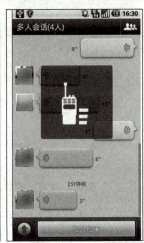 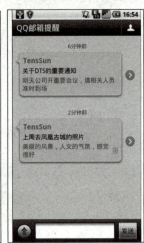

图3-23　微信2.0版本的界面

基于微信1.x版本到微信2.x版本的研发经验，张小龙团队发现，用户在日常生活中还有许多不便，如拼车上下班和二手物品交易等需求未被充分满足。意识到这一点后，张小龙团队决定让微信的功能更加贴近日常生活，增进陌生人之间的联系，以满足更广泛的生活需求。通过引入一系列实用功能，微信3.x版本将不认识的人连接在一起，打破了熟人社交的紧密关系链，将用户的社交网络拓展到由某种共同点维系的弱关系链范围。这种拓展成为微信用户增长的一个重要里程碑，微信用户第一次突破QQ用户群边界，并迎来爆发性增长。更重要的是，这种拓展为微信未来布局"万物互联"奠定了基础，使微信逐步演变为一个连接人们生活方方面面的综合性平台。

微信从微信1.x版本到微信3.x版本密集的迭代，对其最大的竞争者米聊产生了巨大影响。米聊的功能、体验和用户量迅速被微信超越，其用户不断流失，领先的市场地位被微信替代。

如果微信在开发初期就试图添加过多的功能，可能会导致发布时间推迟，给米聊更多时间巩固其市场地位。将产品做到"自我感觉完美"后再推出市场，往往会错失良机；而选择尽早发布产品并根据用户反馈对产品进行迭代，则能够更快地响应市场需求，赢得用户青睐。微信的成功证明了这种做法的优势。所以，在制作原型时，不应追求尽善尽美，利用精益创业理论保证产品核心功能的完整性和可用性即可。

3.5.2 如何制作MVP

MVP是一个能够快速推向市场、收集用户反馈并对产品进行迭代的起点。遵循以下要点，各行各业都可以制作自己的MVP。

1. 寻找直面用户的黄金路径

MVP的重要原则就是以最快速度上线并接触用户，因此团队在制作MVP时一定要寻找直面用户的黄金路径，省略一切不必要的步骤。

黄金路径就是产品关键流程，即用户完成任务的最短路径。要找到黄金路径，团队需要有明确的目标，接着确定实现这些目标要完成的任务，最后把这些任务以最短的路径连接起来。以某电商平台为例，用户使用该平台从访问平台开始，到确认收货为止，其黄金路径如图3-24所示。

图3-24 某电商平台的黄金路径

根据黄金路径，团队可以列举出实现黄金路径需要的所有功能，包括登录、按商品名搜索、查看商品详情、填写交易信息、支付等。明确需要的所有功能后，就可以快速开发具有这些功能的软件作为MVP。

2. 保证最低的成本和最及时的响应

小和快是MVP的两大特征。团队快速制作一个MVP，然后迅速投入测试。如果失败，团队就可以立刻从失败中吸取经验，进行学习；而如果团队在一个创意上投入了太多的时间和精力，直到后期才发现创意本身是失败的，那么需要承担更高的失败成本。所以，团队在制作MVP时，应该坚持追求最低的成本和最及时的响应。

例如，按照常规做法，经营电商网站需要设计并制作一个完整的电商网站，做好基础的测试，争取仓储、分销伙伴的支持，并提供大减价等销售方案吸引用户，最终才能正常运转。而Zappos的创始人尼克·斯威姆没有这么做。斯威姆想要经营的是一家网络鞋店，他假设用户已经就绪，并愿意在网上购鞋，于是先建立了一个规模很小的网站。随后，他询问本地的鞋店是否能让他为店里的库存产品拍照。他承诺如果有人从网上买鞋，他就会代客以全价从这家店里买下鞋子。随后他将拍摄的鞋子照片和价格展示在自己的网站上，供用户选择。每当用户在网站下单，他就到店铺里买下鞋子并邮寄给用户。这样，斯威姆验证了这一模式的可行性，以非常低的投入经营起了自己的事业。

多抓鱼的初创时期

多抓鱼是2017年成立于北京的一家主要提供图书和耐用消费品二手循环服务的公司。目前，多抓鱼拥有微信小程序、iOS及安卓版本的App和官方网站，用户可以在线上将闲置的图书、服装及电子产品卖给多抓鱼，也能在线上和线下店买到由多抓鱼翻新和消毒的商品。如今，多抓鱼已经拥有超百万名用户，而在初创时期，多抓鱼只有一个微信群和一张Excel表。

多抓鱼的创始人魏颖在大学期间就对二手交易产生了浓厚的兴趣，她曾在校园里摆摊出售碟片、图书等闲置物品。魏颖大学毕业后曾任职于搜狐、知乎和闲鱼，具备丰富的市场经验。她的合伙人陈拓是知乎前商业产品负责人、豆瓣前社区开发负责人，擅长产品与技术。两人原来同在知乎任职，同时看好二手方向，便开始共同创业。

多抓鱼的商业模式是先付费从用户手里把书收上来，然后对书经过鉴定、消毒、翻新、包装处理后，再上架销售。初创时期，魏颖将自己喜欢看书的朋友们拉进了一个微信群。在这个微信群里，有人想要卖书，就可以直接找群主（多抓鱼团队），将要卖的书整合在一起拍照发给群主。群主也会告诉卖家，哪些书能收，哪些书不能收，再帮卖家叫快递上门取件。等多抓鱼收到书，检查无误之后就会通过微信把钱打给卖家。收到书后，多抓鱼会检查书的情况，并为其标价，然后将所有买到的书的信息填在一张Excel表里，并把Excel表发布在群里，告诉大家上新了，可以来买书了。这样，需要买书的用户就可以查看Excel表，联系群主购买自己喜欢的书。在卖出书后，多抓鱼则会在Excel表里删去相应的书的信息。就这样，凭借一个微信群和一张Excel表，魏颖和陈拓就经营起了自己的二手书回收及售卖业务。

点评

有时创业不需要一开始就拥有复杂的技术或大量资金，利用好现有的资源，便可以低成本地启动项目。大学生创业者应利用好现有资源，以最快速度启动并发展自己的项目。

3. 验证最需要关注的设计

MVP的意义在于验证团队的设计，通过实践来确定产品是否能实现最初的创意。因此，MVP要确保可以验证团队的设计。同时，一个良好的MVP只验证最需要关注的设计。

例如，斯威姆要确认用户是否愿意通过网络渠道购买鞋子，于是他做了一个售卖鞋子的网站来验证。而多抓鱼则是要验证"回收二手书—检验—标价—出售"这一套商业模式能否被用户认可，因此选择通过微信群和Excel表来验证。

3.6 让用户帮助产品迭代

在经历了共情、定义、构思、原型4个阶段之后，设计旅程来到了最后一个阶段——测

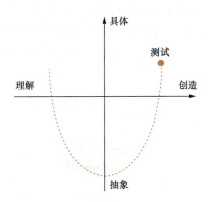

试阶段，如图3-25所示。该阶段的目标是通过实际用户的使用来评估产品的有效性，并据此对产品做出必要的调整和改进。

图3-25　设计旅程的测试阶段

在实际的产品开发过程中，测试并不意味着结束。通常情况下，根据时间、精力及项目精细程度的要求，设计者还需要多次返回之前的阶段，不断对产品进行调整、迭代和改进。

3.6.1　用户测试

用户测试就是向用户展示原型并获得用户反馈的过程，本质上是向用户学习。通过用户反馈获取的关键信息包括用户对产品的整体感觉、不喜欢或不需要的功能、认为需要添加的新功能、对产品的改进意见等。用户反馈是产品改良的重要依据，许多创业者就是从用户反馈中获得有效信息，从而合理地改进和迭代自己的产品的。

1. 用户测试的阶段

用户测试通常会经历测试前的准备、进行测试和测试后总结3个阶段。

（1）**测试前的准备**：招募用户、准备记录工具等。

（2）**进行测试**：让用户填写基本信息，介绍测试的目的、流程、问题严重性评分标准，测试结束后根据用户反馈进行数据整理。

（3）**测试后总结**：发现设计中存在的问题，并通过迭代和改进不断提升用户体验。

2. 用户测试对象——天使用户

用户测试的对象不是所有用户，而是天使用户。天使用户特指产品的早期用户，这些用户能够接受不太完美甚至有些缺陷的早期产品，并且愿意和企业一起试用、验证产品，甚至参与产品研发，共同完善产品。许多初创团队正是有了正确的天使用户，才帮助产品实现了从零到被"引爆"的过程。天使用户的共性是热爱产品，并从口碑、产品改进等角度帮助产品从小众走向大众。例如，雷军在做手机的时候就是通过寻找100个手机"发烧友"来陪他一起测试还没开发完成的小米手机，这些"发烧友"就是小米手机的天使用户。

3. 开展用户测试

用户测试有助于设计者在产品开发生命周期的早期找到产品存在的潜在问题，从而决定产品后续设计方向。具体来说，用户测试的方法有以下几种。

（1）用户访谈

用户访谈是一种非常直接的用户测试方法，指通过与用户交谈来测试关于产品的创意是否成立。用户访谈的目的不同，选择的访谈对象也应有所差异。从对产品的了解程度来看，用户可以分为边缘用户、潜在用户、极端用户和核心用户4类，如图3-26所示。

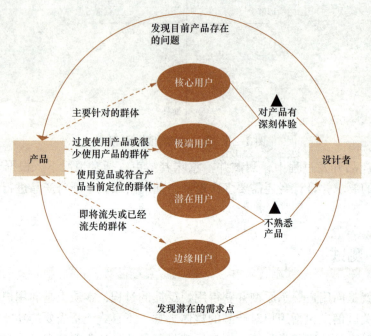

图3-26　用户分类

通常，用户访谈应围绕设计者想要解决的问题展开，并且应该是具有探索性的，而不是为了兜售创意。因此，为了更好地发挥用户访谈的作用，设计者事先应准备好问题。

（2）产品预订

产品预订是指通过搭建预订网页，向用户展示产品，并吸引用户在产品开发之前就为产品买单。通过产品预订，可知晓用户对产品的需求量，从而进一步判断是否继续开发该产品。

（3）众筹

众筹是指通过群众募资来推动产品开发。该方法主要是通过用户的贡献度来判断产品的价值，采取的是"团购+预订"的形式，因此，其与产品预订有一定相似之处，即通过展示产品创意来测试产品可获得的支持，但相比产品预订，众筹将直接决定该产品是否继续开发。众筹规定了目标金额，如果筹资成功，支持者将获得发起人预先承诺的回报，即产品本身及一些附带福利，这意味着产品将进入生产与市场销售的流程；如果筹资失败，则将退还支持者资金。

（4）试用反馈

试用反馈是指通过用户使用产品的感受来进行产品的改进。一般来说，用户测试需要制作原型，但通常是以草图、实物模型等形式进行，而功能性产品必须让用户进行真实的试用，例如进行电动牙刷震感、口香糖新口味接受程度的用户测试等。

案例分析

瑞幸咖啡的三店并行测试策略

瑞幸咖啡致力于打造人人都喝得起、喝得到、喝得值的好咖啡。自2018年1月1日试运营至5月8日正式开业，仅用时5个多月，瑞幸咖啡便凭借超10亿元投资在北京、上海、深圳开设了525家门店，并迅速成长为估值达10亿美元的独角兽企业。在如此短的时间内取得这样耀眼的成绩，除了清晰的产品定位、精准的互联网营销策略及雄厚资本的支持，瑞幸咖啡在冷启动阶段采取的三店并行测试策略同样重要。

这3家门店分别位于公司总部大堂（联想桥门店，仅限内部员工消费）、望京SOHO（位置优越）及银河SOHO C座（位置偏远），瑞幸咖啡将它们作为不同变量，共同探索快速获客的有效途径。以下是在3家门店分别进行的用户测试。

联想桥门店策略如下。①验证方向：白领有购买现磨咖啡的高频需求，且希望价格不要过高。②构建：公司总部大堂门店、内部购买链接。③测试：观察员工的消费频次、复购率、价格敏感度等。④学习：不断测试各种价格组合、促销政策的影响，制定后续策略。

望京SOHO门店策略如下。①验证方向：用户会为了获取优惠券而下载App，并在自己的社交圈发起邀请。②构建：望京SOHO门店、基础版App。③测试：基于App的裂变营销，主要看裂变数量、拉新速度等。④学习：门店位置好，人流量大，不缺新客，所以投放广告不多，且可以迅速裂变。

银河SOHO C座门店策略如下。①验证方向：用户会通过微信 LBS 门店定投广告获取优惠信息，并成为注册用户。②构建：银河SOHO门店、微信 LBS 门店定投广告。③测试：测试定投广告的效果，以及配合该广告获客后的裂变与拉新速度。④学习：位置偏，无人流，可以通过微信LBS门店定投广告提高裂变拉新的速度。

基于这3家门店用户测试的真实数据，瑞幸咖啡发现以定投广告快速告知周边人群、首单免费吸引首批下载用户及强力裂变拉新策略（如拉一赠一）能够有效促进用户增长，这些策略使瑞幸咖啡的新开门店在两个月内成为周边生意最好的咖啡店。随后，瑞幸咖啡投入巨额资金（这些资金用于打广告、用户赠饮及门店自营扩张等），进一步加快市场扩张步伐。

点评

瑞幸咖啡通过在公司总部大堂、位置优越和偏远的3家门店进行并行测试，成功验证了不同场景下的用户行为和消费偏好。这不仅帮助瑞幸咖啡确定了目标用户的需求，还为其后续的市场推广和营销策略制定提供了有力的支撑。可见，对于任何企业来说，进行用户测试并据此调整策略都是不可或缺的。

3.6.2 持续迭代

迭代原型的过程不应被视为一个线性的、步骤固定的过程，而是一个不断循环、优化和升级的过程。精益迭代策略示意图如图3-27所示。

    1   2   3   4

图3-27 精益迭代策略示意图

这种策略强调在每个阶段都构建具备核心功能的原型，且每个阶段都能够独立地进行用户测试，并获得反馈，从而不断地对产品进行螺旋式升级。

《精益创业实战》一书中提出的持续创新框架可作为产品迭代、持续优化的参考。

1. 重视模式

● 创业不仅是做产品，更是做商业模式。这意味着创业者需要关注如何将产品转化为可持续的盈利模式，而不仅仅是关注产品的开发。

● 关注用户的问题，而不是你的解决方案。这要求创业者深入理解用户的需求和痛点，并以此为出发点来寻找最佳的解决方案，而不是仅仅推销自己预设的解决方案。

● 创业的目标是企业的持续增长。这意味着创业者需要关注企业的长期发展，不断寻找新的增长点和机会，以保持企业的竞争力和活力。

2. 动态排序

● 在适当的时间做适当的事。这要求创业者根据当前的市场环境、技术趋势和用户需求等因素，灵活调整自己的战略和计划，以确保在正确的时间做出正确的决策。

● 分阶段处理当前风险最大的假设。在创业过程中，往往会面临许多风险。通过分阶段处理这些假设，创业者可以逐步降低风险，提高成功的可能性。

● 约束条件是让自己具有纪律性的礼物。在资源有限的情况下，创业者需要更加谨慎地选择自己的行动方向，以确保每一笔投入都能带来最大的回报。这种约束条件实际上有助于创业者保持专注和具有纪律性。

3. 不断试验

● 投很多小"赌注"。这意味着创业者需要在多个方向上进行尝试和探索，以寻找最佳的商业模式和产品方向。通过不断的小规模试验，可以降低风险并快速获得反馈。

● 基于数据做决策。在创业过程中，需要收集和分析大量数据，以支持决策。这要求创业者具备数据驱动的思维，能够准确解读数据并据此做出明智的决策。

● 模式突破来自意外。在试验过程中，往往会发现一些意外的机会，这些机会可能是产品与市场达到理想契合点的关键。因此，创业者需要保持开放的心态，敏锐地捕捉这些意外的机会。

通过迭代原型，创业者可以逐步降低风险、提高产品的质量和优化用户体验，并最终实现企业的持续增长。

微信从一个简单的即时通信工具逐步发展为一个多功能、全方位的服务平台，这都得益于张小龙团队持续不断的测试与优化。微信开发的测试阶段如图3-28所示。

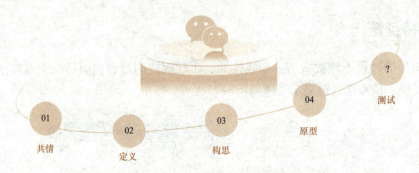

图3-28　微信开发的测试阶段

扫一扫
微信中后期
的迭代路径

在微信早期的开发过程中，张小龙团队一直在做一件事：让用户可以不断地添加好友。2012年到2013年，虽然微信发布的版本数量减少，但是每次更新都是结构化的整体创新，并带来了颠覆性的变化。

微信4.0版本构建了一个允许用户将文字、图片、音乐、视频等内容基于个人的私密关系链实现小范围流转的模块——朋友圈。这是一次非常大胆的尝试，在此之前，微信只是一个即时通信工具，而在一个通信工具里构建社区，在全球互联网历史上其实是没有过的。所以张小龙团队在开发的过程中依然遵循着精益创业理论，在微信4.0版本推出的朋友圈的功能仅限于内容分享，用以验证市场的反应、获取用户的反馈，朋友圈评论回复、朋友圈隐私设置功能则是在后续更新的版本中陆续实现的。

微信5.0版本进一步丰富了平台的功能和服务，增添了游戏中心、微信支付和表情商店，并将微信公众号细分为订阅号和企业号。这一举措不仅提升了商家参与度，还极大地优化了用户体验，使得微信逐渐发展成一个集娱乐、购物、服务于一体的综合性平台。

微信6.0版本……

微信的生态圈逐步扩大。

在不断迭代的过程中，微信最成功的地方在于保持了界面和业务结构的一致性，确保了用户体验的连续性和产品的简洁性。例如，微信底部始终保持4个固定的菜单选项，即使像朋友圈这样被高频使用的功能的入口也未占用额外的空间。这种稳定性为用户提供了一贯的操作体验。

回顾微信的发展历程，"连接"和"简单"是张小龙给出的核心理念。微信致力于连接人与人、人与信息、人与商业，同时坚持简约设计，不因功能扩展而牺牲用户体验。展望未来，张小龙希望微信在未来依然能够保持"小而美"的特质，拥有独特的灵魂、审美、创意和观念，而不仅仅是数据驱动的产品。

以上内容仅仅是微信开发过程中的一个个缩影，实际上，微信的迭代是多线并行、不断循环的过程，微信公众号、小程序、视频号等多个功能模块都经历了长时间的优化和发展。这些迭代不仅深刻改变了我们的通信方式，更重塑了日常生活中的诸多方面。通过持续的创新与优化，微信已经成为连接人们生活的重要桥梁。

3.7　大学生如何运用设计思维解决问题

对于大学生而言，参加竞赛是掌握设计思维、灵活运用设计思维、提升设计思维能力的重要途径。其中，全国大学生工业设计大赛和未来设计师·全国高校数字艺术设计大赛作为国内较为主流的设计大赛，为大学生提供了宝贵的实战机会。

下面分别选取了全国大学生工业设计大赛和未来设计师·全国高校数字艺术设计大赛的部分优秀案例。通过案例的赏析，大学生能更直观地理解设计思维在实际项目中的应用，进而更有效地运用设计思维来解决各类问题。

3.7.1　小菜园经济模式下的农产品售卖系统创新设计

扫一扫
案例详情

全国大学生工业设计大赛作为目前国内工业设计、产品设计专业参赛度较高的全国大学生学科竞技类赛事，每2年举办一届，从2012年至2024年已成功举办7届。

在2024年第七届全国大学生工业设计大赛中，厦门大学嘉庚学院设计与创意学院项目"小菜园经济模式下的农产品售卖系统创新设计"斩获金奖。

随着中国工业化和城镇化的进程加快，"农村空心化""农村边缘化""农村老龄化"等"新三农"问题日益突出。近年来，常州市创新设置精美小菜园项目，小菜园集生产、生态、休闲和社会服务等功能于一体，逐渐成为乡村全面振兴的新路子、新模式。

该项目在常州市农委提出的精美小菜园项目的基础上，通过农产品售卖系统的创新设计来解决乡村小农产品的销售难题。表3-5所示为该项目团队运用设计思维解决问题的基本情况。

表3-5　该项目团队运用设计思维解决问题的基本情况

阶段	项目团队的行为
共情	项目团队一方面发现小农产品销售难的问题，另一方面发现目前由于多数菜市场商品摆放杂乱无序、灯光昏暗、设施陈旧、有异味等，消费者也存在买菜难的问题
定义	针对这些问题，项目团队决定从农民和商户卖菜难、消费者买菜难处发力，设计一个能够连接农民、商户和消费者的产品——农产品售卖系统
构思	通过电动贩卖车的设计，整合小农产品的展示、售卖、上货与回收检测等功能，实现采摘、收购、贩卖流程上的信息互通，以提升小农产品的市场竞争力和增强消费者购买意愿
原型	从农民和商户端着手，农民将田间采摘的新鲜蔬菜送到就近基站回收获取报酬，基站自带的分拣、称重、农药残留检测等技术保障了菜品的健康与安全；电动贩卖车在基站完成蔬菜装货并向城市运输，在固定地点展开形成贩卖平台，车上可以展示蔬菜的采摘地点及时间，实现采摘、收购、贩卖流程的信息互通
测试	农产品售卖系统与当地政府的精美小菜园项目结合，在当地市场中测试与优化，在实践中迭代，这个过程为农民带来了实际的收入提升

思维点拨

　　该项目立足当地精美小菜园项目，通过系统性的设计，实现了生产、销售与消费三方的有效对接，解决了农民和商户卖菜难、消费者买菜难的问题，更为农民带来了实打实的收益，为乡村全面振兴注入了动力。

3.7.2　ALPHA野营餐车

未来设计师·全国高校数字艺术设计大赛始于2012年，每年举办一届，是高校学生积极参与的对接联合国国际赛的国家级大学生竞赛。

在第12届未来设计师·全国高校数字艺术设计大赛全国总决赛中，武汉理工大学的创新设计作品"ALPHA野营餐车"获得研究生组工业产品设计类一等奖。

近年来，国内旅游行业快速发展，出行的方式更加多元化，野营作为一种亲近自然的户外活动，逐渐在国内流行起来。项目团队意识到，野营时用户所追求的自由体验与现实的服务之间存在着明显的差距，因此针对这一点进行设计探索。表3-6所示为该项目团队运用设计思维解决问题的基本情况。

扫一扫

案例详情

表3-6　该项目团队运用设计思维解决问题的基本情况

阶段	项目团队的行为
共情	项目团队通过调查野营现状，发掘出当下的野营呈现的几大变化：从过夜野营到过夜与不过夜野营共存；追求装备轻量化、功能化与阶段性追求装备高"颜值"、精致共存；从户外探险为主变为轻度户外体验为主
定义	项目团队根据用户对野营的爱好程度与专业性，将目标用户分为轻度野营爱好者（包括户外体验家、野营爱好者、聚会常驻客3类）和家庭野营爱好者，并洞察出目标用户的痛点：装备过多，太烦琐；需要考虑安全问题；现有设施缺乏；现有服务无法满足需求
构思	项目团队根据用户的痛点确定设计方向：轻量化、体验化、可移动的野营餐车
原型	这款餐车配备了移动电源和电磁炉，让户外烹饪和电子设备充电变得简单快捷。它还配备了食材储存箱，用户可以在线上自选食材，然后由商家送货到露营地点，这能确保食材新鲜，减少携带负担。此外，它还有野营自助式选点和自动驾驶送达的功能，用户可以自由选择野营地点，享受灵活舒适的野营体验
测试	通过内部测试、用户测试和市场测试，对野营餐车的设计和功能进行调整，不断强化用户关注的安全性，如增强防护措施、提升电磁炉的安全标准等

思维点拨

　　该项目野营餐车的创新设计，是在新时代背景下对社会需求的积极响应，有利于减少传统野营中的资源浪费和环境污染，推动了绿色生活方式的普及，充分体现了以人为中心的设计理念。

本章实训

　　当我们静下心来，认真审视我们的日常生活，不难发现其中隐藏着众多尚未被满足的需求，以及急需解决的各种问题，例如，杯口反转的杯子（见图3-29）、相对而坐的长椅（见图3-30）、无法插满的插板（见图3-31）、陡峭的无障碍通道（见图3-32）等。

图3-29　杯口反转的杯子

图3-30　相对而坐的长椅

图3-31　无法插满的插板

图3-32　陡峭的无障碍通道

这些设计未能充分考虑用户体验或实际需求，并没有给人们带来预期的便利，甚至可能造成困惑或不便。从某种程度上说，这些问题与挑战正是设计灵感的重要源泉。

1. 在你的生活中，有什么不合理的事情或让你感到不便利的事物呢？试着把它找出来，并填写在下方的横线上，可以运用设计思维，提出创新性的解决方案，并将其转化为具体的产品。问题可能如下。

例如，A先生是一名处于亚健康状态的上班族，想要通过在健身房锻炼恢复健康状态，但是由于种种原因，他难以规律地锻炼。

例如，H女士是一名民宿经营者，她发现用户基本很少使用民宿采买的拖鞋、烧水壶、浴巾等用品，但是民宿每天都会清洗、更换这些物品，这导致了很大的资源浪费。

_____

_____

2. 参照设计思维流程，设计一个产品。

（1）共情用户：根据你发现的问题，共情用户的经历，挖掘用户痛点，并将其各阶段的表现填写到图3-33中。

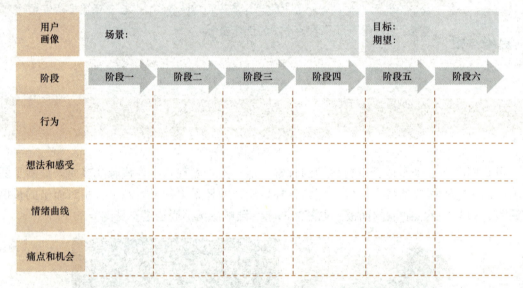

图3-33 共情用户

（2）定义问题：在共情用户后，准确定义用户需要解决的真正问题，探索问题的根源。

_____

_____

_____

（3）发散创意：基于前面共情用户、定义问题两个步骤得出的问题来确定设计方向，并任意选择2种发散创意的方法进行共创，以尽可能多地提出创意。

_____

_____

_____

（4）聚敛创意：筛选出更有潜力和前景的创意。运用IDEO可行性分析工具评价创意后，利用创新矩阵挑选出合适的创意，并将对创意的评价填入图3–34中。

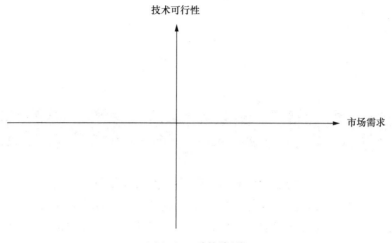

图3-34 创新矩阵

（5）设计原型：根据现有的创意，为产品设计原型，通过原型体现产品的设计思路、预想功能、使用方法等。在设计完原型后，需要制作MVP，在下面的方框中绘制产品的黄金路径，分析并列出MVP必须具备的功能。

（6）用户测试：制作完MVP后，就需要进行用户测试，获取用户反馈。

先选择测试对象，本产品的天使用户应是哪一类人群？

应该如何接触天使用户，使其愿意帮助完成用户测试？

选择几名合适的测试对象，进行用户访谈。用户访谈前应准备好需要交流的问题。

在完成用户访谈后，将访谈的结果填入图3-35所示的原型测试表中。

+有用	一可以改善
? 疑问	! 新想法

图3-35　原型测试表

延伸阅读与思考

娃哈哈："国民饮料"的坚守与传承

1987年，42岁的宗庆后借债承包了杭州市上城区校办企业经销部。当时的企业规模极小，仅靠三轮车和几位员工开展业务，但宗庆后心中怀揣着改变家庭命运的梦想，凭借着不懈的努力和对市场的深刻理解，逐步踏上了创业之路。

娃哈哈的真正崛起始于其对儿童营养不良问题的关注。通过对市场的深入调查，宗庆后发现了一个尚未被充分开发的细分市场——儿童营养品。在那个时代，市场上充斥着针对成人的营养保健品，但对于占全国人口1/3的儿童来说，却没有专门的产品。宗庆后敏锐地捕捉到了这个机会，他找到浙江医科大学的医学营养系主任朱寿民，二人一拍即合，儿童营养液应运而生。随后，打着"喝了娃哈哈，吃饭就是香"口号的娃哈哈儿童营养液一经问世便大获成功，娃哈哈也成为家喻户晓的品牌。

随着企业的发展壮大，宗庆后意识到创新是保持竞争力的关键。他不满足于仅仅跟随市场的步伐，而是致力于通过自主研发来引领行业趋势。1993年，娃哈哈投资成立了科研检测中心，这一举措在当时颇为罕见，显示了宗庆后对于技术创新的高度重视。

近年来，娃哈哈不断推陈出新，开发了一系列高技术含量和高附加值的新产品，形成了多元化的产品矩阵。目前，娃哈哈的产品网络涵盖饮用水、蛋白饮料、碳酸饮料、茶饮料、果蔬汁饮料、咖啡饮料等十余类共200余款产品，能够满足不同年龄段、不同居住地的消费者需求。

2019年以来，娃哈哈陆续研发出草莓、蜜桃、巧克力、椰芋等多种口味的AD钙奶系列新产品，这些新产品赢得了年轻消费群体的青睐，也使得AD钙奶这一经典产品重新焕发生机与活力。娃哈哈在营养快线原有的原味、香草冰淇淋味、菠萝味等口味的基础上，推出柔舞仙蜜梅和青提玄冰草两种新口味，并推出彩妆盘，以迎合年轻消费群体的喜好。

除此之外，娃哈哈抓住消费者对于健康饮品尤其是无糖低脂、功能性饮料的需求，加大在健康饮料领域的布局力度，开辟新的增长点。针对"轻养生"消费群体的需求，娃哈哈开始进军高附加值的苏打水市场，将原有苏打水产品迭代升级，推出口感清爽、包装新颖的pH 9.0柠檬味苏打水、无汽苏打水等创新型产品；针对生活节奏快的年轻消费群体对方便早餐食品的需求，娃哈哈推出藜麦牛奶粥等"全营养计划"产品……

通过推陈出新，娃哈哈既延长了经典产品的生命周期，使其焕发新活力；也丰富了产品品类，优化了产品结构，提升了产品技术含量和附加值。娃哈哈呈现出强劲的发展势头。

除了在商业上的成功，宗庆后也非常重视承担社会责任。娃哈哈一直秉承"用心创造美好生活"的理念，将产品的健康、高品质和多元化视为企业发展的核心，不断满足消费者的需求；在教育、环保等领域的公益项目中都能见到娃哈哈的身影。品牌形象的积极建设也为娃哈哈赢得了社会的高度认可和良好的企业信誉。

----- 问题 --

1. 宗庆后是如何发现儿童营养品这一尚未被充分开发的细分市场的？你认为应该如何寻找和识别市场机会呢？

2. 娃哈哈是如何使其经典产品如AD钙奶重新焕发生机与活力的？面对消费者对于健康饮品需求的增长，娃哈哈又采取了哪些措施来迎合这一趋势？

第4章
用TRIZ理论进行产品创新

情景导入

    215宿舍运用设计思维开发的产品在学校小范围试用中获得了诸多好评。随着产品的迭代和优化，部分用户也提出了新的需求，215宿舍必须研究新的创新方案。在产品创新中，215宿舍发现，每当他们试图增加或优化产品的某一项功能时，另一项功能就会随之变差。可他们不愿妥协，不想做任何牺牲性能的折中设计。面对这一技术难题，传统的创新方法已无法提供解决方案。为突破瓶颈，215宿舍在学校图书馆查阅大量相关资料后，发现TRIZ这一理论在产品创新过程中有强大效用，这为他们的产品创新提供了新的思路。

本章将深入阐述如何使用TRIZ理论对现有产品进行创新。不同于传统创新方法，TRIZ理论有一套自己的逻辑，形成了专业的解题流程。TRIZ理论体系包括一组法则、一种思想、4个工具以及一种算法。对于大学生而言，TRIZ理论能帮助他们解决纷繁复杂的问题，促进创新活动的落地。

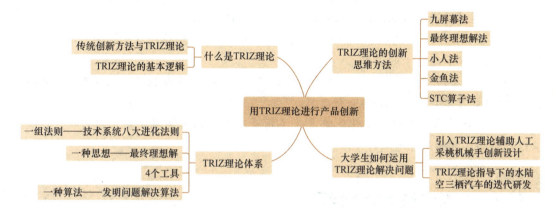

4.1　什么是TRIZ理论

随着社会的发展，人们的生活越来越舒适与便捷，这主要得益于各种各样的发明创造，而很多发明创造其实都是在TRIZ理论的基础上演变进化而来的。那么什么是TRIZ理论呢？TRIZ理论究竟如何促进发明创造的产生？

4.1.1　传统创新方法与TRIZ理论

目前，传统创新方法已超过300种，它们大多基于心理机制，旨在克服心理惯性，鼓励创新思维。然而，这些方法往往带有形式化倾向，对使用者的要求较高，且效率相对较低。例如，试错法作为一种典型的传统创新方法，源自偶然的突发奇想或无数次的试错经历，更像是一种随机的行为，其目标并不明确，很容易导致人力和物力资源的巨大浪费。与传统创新方法相比，TRIZ理论提供了更为系统、高效的创新途径。

TRIZ理论是由苏联发明家和创造创新学家根里奇·阿奇舒勒于1946年提出的，该理论主要是研究发明创造、解决技术问题过程中应遵循的科学原理，因此被称为苏联的"点金术"和技术创新领域的"孙子兵法"。

TRIZ理论认为，技术系统一直处在更新进化之中。从表面上看，TRIZ理论是解决发明中出现的实际问题，使其系统和元件能得到不断的改进；但实际上，TRIZ理论是通过解决这些问题实现创新。

利用TRIZ理论解决技术问题，可以促进创新型解决方案的产生，且TRIZ理论不仅仅是一种纯粹的创新理论，还能够帮助我们形成一种系统化的、流程化的创新设计思考模式，从而找到创新的方法。

4.1.2　TRIZ理论的基本逻辑

在对TRIZ理论的学习过程中可以发现，技术的进步其实有一定的规律可循，而且这种规律在发明研究的过程中不断重复出现。因此，TRIZ理论的基本逻辑可以总结为以下4点。

（1）不论是简单的产品还是复杂的技术系统，其核心技术的演变都遵循着一定的客观规律，这种规律是真实存在的，常表现为一种直观的技术模式。

（2）各种技术难题，其冲突和矛盾的解决实则是在不断地推动这一规律的发展进化，同时规律也在牵引着技术的进步。

（3）同一条规律往往在不同的产品或技术领域中都能被反复应用，且很多创新实质上是其他领域的技术在另一领域的全新应用。

（4）任何技术的改进与进化，都是为了用最少的资源去实现最大化的功能，这也是TRIZ理论的实际功用与追求的目标。

4.2　TRIZ理论体系

创新本身就是一个创造性地发现问题和解决问题的过程，而TRIZ理论则为问题的创造性解决提供了系统的工具与方法指导。TRIZ理论体系是一个不断发展完善的庞大的系统，其涵盖的内容、范围十分广泛，如图4-1所示。

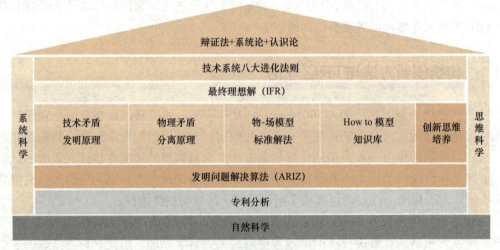

图4-1　TRIZ理论体系

4.2.1　一组法则——技术系统八大进化法则

技术系统是功能的载体，每构建一个技术系统，就要实现某种预设的功能。但为了适应外部不断变化的复杂环境，技术系统也需要遵循客观的规律，不断发展演变，以更好地实现预设功能。

1. 什么是技术系统

技术系统也被称作工程系统，是TRIZ理论中比较重要的概念，TRIZ理论中所有原理、法则、矛盾、模型、理想度等内容都是围绕技术系统展开的。

系统原指相关事物按一定关系组成的整体，这里则指构成系统的元件与完成系统功能的元件组成的功能团，其是为了实现功能而构建的体系。不同的系统有不同的功能，而技术系统则是实现技术属性功能的系统，一般由至少两个元件组成。因此技术系统可以称作由具有相互联系的元件组成的，以实现某种功能或职能的事物合集。

值得注意的是，技术系统的每个元件各自具备不同的功能属性，而这些元件的组合物的功能与其组成元件本身的功能也不相同。例如，一个小挎包一般由皮（包的材质）、五金、线、拉链等组成，具有收纳的功能，但其组成元件却不具备这样的功能。再比如手机由机身、芯片、显示屏、电池、听筒、话筒等组成，可以用来进行无线通话，但同样，其组成元件也不具备这样的功能。

因此，我们可以把一本书、一个风扇、一台计算机、一家企业看作技术系统，将其组成元件或细分下来的、可以帮助功能实现的元件称为子系统。在子系统之下，还可以细分出更小的子系统，以便能更细致、更清楚地观察功能的实现过程，快速找到功能缺陷，解决问题。

2. 技术系统八大进化法则

阿奇舒勒通过研究发现了一系列关于系统运行、变化的法则，这些法则可以使系统更完备、更具功能性，它们就是系统进化法则。这些法则描述了技术系统如何随着时间的推移而发展和演变，理解这些法则有助于预测技术趋势、解决技术难题并推动创新。

（1）S形曲线进化法则

阿奇舒勒认为技术系统的进化规律与自然界中生物系统的进化规律相似，呈现为一条S形的曲线，进而形成了基于TRIZ理论的S形曲线进化法则。S形曲线进化法则描述了技术系统从孕育、成长、成熟到衰退的生命周期历程，并将其划分为4个阶段：婴儿期、成长期、成熟期和衰退期（见图4-2）。几乎每个技术系统的进化都遵循这样的规律。

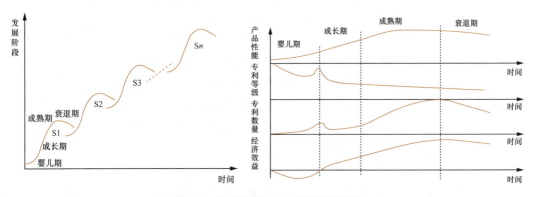

图4-2　技术系统的S形曲线进化法则

● **婴儿期**：创新者发明出新技术，且新技术对应的科技水平很高，但采用新技术的产品的性能处于低水平状态，很多问题尚未解决，并且前期投入很大，市场还未开发出来，这导致利润很低，甚至出现亏损现象。

● **成长期**：产品开始受到更多的关注，且产品性能也得到了大幅度的提升，经济效益大大改善，但是产品可供创新的空间减小，新技术对应的科技水平开始下降。

● **成熟期：** 经济效益和产品性能继续提升，但提升的速度远不及成长期。

● **衰退期：** 市场接近饱和，经济效益降低，产品性能不再提升。在该阶段若能实现关键技术的突破，则产品可进入下一轮的生命周期。

（2）提高理想度法则

一个系统在实现功能的同时，必然存在有用功能和有害功能两方面的作用，有害功能可以分为成本之和与危害之和。理想度指的是有用功能和有害功能的比值。任何系统在变化改进的过程中，都是沿着提升理想度的方向前进的，这也是所有技术系统进化的最终方向。最理想的技术系统是使物理实体趋于零，功能无穷大，简单来说即为"功能俱全，结构消失"，总之就是要增加功能、降低成本。

例如，隐形飞机可以通过几何外形优化，如采用圆滑机身、倾斜垂尾、飞翼布局等设计，将雷达波散射到非威胁方向，以减少雷达波反射面积。这种设计无须增加额外设备，仅通过结构改造就显著降低被探测概率，极大地降低了成本。

（3）子系统的不均衡进化法则

技术系统由多个实现各自功能的子系统组成，每个子系统及子系统的进化都存在着不均衡。这种不均衡进化常常导致子系统之间的矛盾，系统整体的进化速度取决于最不理想子系统的进化速度。了解和应对这种不均衡进化，可以帮助设计者优化子系统之间的关系，提高系统的整体性能和稳定性。

例如，最开始的汽车只是将蒸汽锅炉安装到了马车上，蒸汽带来的动力与马车原本的车身、车轮、刹车等都不匹配，因此它运行起来速度极慢，操作也十分不方便，这就是子系统间的不均衡造成的。后来汽车从三轮发展到四轮，平面外壳也变成了流线型外壳，系统得到了进化与发展，功能也得到了有效增强。

（4）动态性和可控性进化法则

动态性进化对应技术系统在不断变化的环境中不断适应、学习和进化的能力，可控性进化对应通过控制技术系统的输入和输出，实现对系统行为的控制和优化的能力。动态性和可控性进化法则认为，技术系统在进化中，需要实现更高的可变性和灵活性，以增加可控性，从而更好地适应不断变化的环境，满足各种不同的需求，达到进化的目的。

例如，动态性和可控性进化法则共同支撑了无人机在城市物流、医疗急救等场景中的高效安全应用。在动态性层面，无人机通过激光雷达、视觉识别等技术，实时感知城市楼宇、移动障碍物等复杂空域环境，动态调整飞行轨迹，保障集群作业的稳定性；在可控性层面，无人机采用差分定位等技术，结合多源数据优化算法，可精准投递包裹至指定坐标，同时通过惯性导航补偿信号干扰，确保复杂气象条件下的可靠操控。

（5）增加集成度再进行简化法则

技术系统趋向于首先增加集成度，紧接着再进行简化。通过增加集成度，技术系统可以实现更复杂的功能，然后通过简化实现相同或更好的功能。这一法则为技术系统的优化提供了有效的路径，能够帮助设计者实现更高的集成度和更简洁的设计。

例如，智能家居系统需要整合多个独立设备，如灯光、温控等，形成中央控制系统。通过语音助手等AI中枢，智能家居系统能减少硬件的控制器的数量，简化用户操作流程。

（6）子系统协调性进化法则

技术系统的进化是沿着各个子系统相互之间更协调的方向发展的。提高子系统之间的协调性，可以改善技术系统的整体性能和用户体验。这一法则强调技术系统内部各部分的协同工作可以帮助设计者优化技术系统设计，提高技术系统的整体效率和稳定性。

以人体工学鼠标为例，根据实验研究，当手腕仰起角度保持在15°～30°时，人体感觉最为舒适。一旦该角度过大或过小，手部肌肉就会处于紧张的拉伸状态，进而加速疲劳。此外，当手掌握住鼠标时，自然地保持半握拳状态为佳。当鼠标设计同时契合手腕仰起角度和半握拳状态这两个要求，用户在使用时才能收获较为舒适的体验。

（7）向微观级和场的应用进化法则

技术系统朝着减小其组成元件尺寸的方向进化，即其组成元件从最初的尺寸向原子、基本粒子的尺寸发展。这一法则揭示了技术系统在微观层面的进化趋势，通过向微观级和场的应用进化，技术系统可以实现更高的性能和更高效的功能。

例如，以前的集成电路大多是电子管，能耗大，体积大，现在则集成为一块小小的芯片。

（8）减少人工介入的进化法则

技术系统趋向于减少人工介入，提高自动化程度。减少人工介入可以提高技术系统的效率和可靠性，降低运营成本。这一法则反映了科技进步和自动化发展的必然趋势，能帮助设计者实现高效、自动化的生产和管理。

例如，在制造业中，工业机器人通过编程和传感器实现精密操作，如汽车焊接、电子产品组装等，通过减少人为操作误差，降低了因疲劳或技能差异导致的质量波动。

技术系统八大进化法则是TRIZ理论中解决问题的重要指导原则，掌握好这些进化法则可以有效提高解决问题的效率。

4.2.2　一种思想——最终理想解

最终理想解（Ideal Final Result，IFR）指的是产品创新过程中无限接近理想状态时得到的理想解。TRIZ理论中引入"最终理想解"概念是为了进一步克服思维惯性，开拓设计者的思维，拓展解决问题可用的资源。

若在问题解决之初，通过理想化状态来定义问题的最终理想解，就可以明确最终理想解所在的方向和位置，保证设计者在问题解决过程中沿着此目标前进并获得最终理想解，这样能避免传统创新设计中解决问题时缺乏目标的弊端，提升解决问题的效率。在一个技术系统中，最终理想解就是解决问题的关键点。

一般，要确定最终理想解，可以思考以下6个方面的问题。

（1）设计的最终目标是什么？

（2）理想方案是什么？

（3）实现理想方案的障碍是什么？

（4）这种障碍会造成什么结果？

（5）消除这种障碍的条件是什么？

（6）创造这些条件的可用资源是什么？

案例分析

如何测试合金的抗酸腐能力

想要测试合金的抗酸腐能力，常规操作是将合金放入酸液中进行观察，但这一过程比较麻烦，因为盛酸液的容器内壁很容易被腐蚀，实验中可能需要频繁更换容器。那么应该如何确定该问题的理想方案？

其确认步骤如下。

步骤1：明确设计的最终目标，即希望有容器能盛酸液以进行合金抗酸腐能力的测试，但又不希望因为酸液对容器的腐蚀而经常更换容器。

步骤2：确认理想方案，即不使用容器而达到测试目的。

步骤3：明确实现理想方案的障碍，即不使用容器时，酸液会四处流淌。

步骤4：分析这种障碍造成的结果，即合金无法顺利浸泡在酸液中进行测试。

步骤5：寻找消除这种障碍的条件，即需要用一种物体代替普通容器盛酸液。

步骤6：弄清楚创造这些条件的可用资源，即合金本身，因此可以把合金做成容器，测试酸液对容器的腐蚀。这样整个技术系统就显得很简单了，实验者只需通过观察就可得出酸液对合金腐蚀情况的实验结果。

点评

遵循TRIZ理论中的最终理想解的确认步骤，不仅解决了传统方法中容器易被腐蚀的问题，还简化了实验设计，提高了测试效率。

4.2.3　4个工具

技术矛盾与发明原理、物理矛盾与分离原理、物–场模型与标准解法、How to模型与知识库是TRIZ理论中解决问题的重要工具。

1. 技术矛盾与发明原理

在生活中，我们想吃一份好菜，但太贵；想坐车，但步行似乎更能锻炼身体。当遇到这些矛盾时，我们往往是怎么解决的呢？这些矛盾与工程领域的技术矛盾相似。那么什么是技术矛盾？技术矛盾又该如何解决呢？

（1）什么是技术矛盾

技术矛盾是指技术系统中两个及以上的参数之间的冲突造成的问题，该技术系统在一个参数得到改善的同时会使其他参数受到不利影响。

例如，书包体积越大容量就越大，但装满书之后就会因为太重给学生身体造成不利影响，如果体积太小容量就不足，无法满足学生的需求，因此书包重量及容量两个参数之间的矛盾就是一组技术矛盾；长公交车或者双层公交车可以装载更多的乘客，但操控时却不太灵活，因此公交车长度与操控难度是一组技术矛盾。

在面对各种问题时，要像上述案例一样，定位其技术矛盾，才能将实际问题转变为可利用TRIZ理论解决的问题。

扫一扫

（2）39个通用技术参数

技术矛盾实际上就是技术参数之间的冲突，阿奇舒勒总共总结出了39

39个通用
技术参数

个通用技术参数，如表4-1所示。他认为大多数的技术矛盾都离不开这些参数的范围，不管是亟待解决的问题，还是想要优化、创新的方向，都可以通过各参数的组合配对来解决。

表4-1　39个通用技术参数（部分）

序号	名称	含义
1	运动物体的重量	在重力场中，运动物体受到的重力，如运动物体作用于其支撑或悬挂装置上的力
2	静止物体的重量	在重力场中，静止物体受到的重力，如静止物体作用于其支撑或悬挂装置上的力
3	运动物体的长度	运动物体的任意线性尺寸
…	……	……
37	监控与测试的困难程度	如果一个技术系统复杂、成本高，需要较长的时间建造及使用，或元件与元件之间关系复杂，都将导致技术系统监控与测试困难。测试精度高，增加了测试的成本也是测试困难的一种表现
38	自动化程度	系统或物体在无人操作的情况下完成任务的能力，分为最低级别、中等级别、最高级别
39	生产率	单位时间内完成的功能或操作数

为了应用方便，上述39个通用技术参数可分为如下3类。
● **物理及几何参数**：参数1～12，参数17～18，参数21。
● **技术负向参数**：参数15～16，参数19～20，参数22～26，参数30～31。
● **技术正向参数**：参数13～14，参数27～29，参数32～39。

其中，技术负向参数指这些参数变大时，技术系统或子系统的性能变差，如技术系统或子系统为完成特定的功能消耗的能量（参数19、参数20）越大，则设计越不合理。技术正向参数指这些参数变大时，技术系统或子系统的性能变好，如子系统可制造性（参数32）越强，子系统制造成本就越低。

借助这39个通用技术参数，设计者可以将各种矛盾进行标准化归类，并将遇见的具体问题转换为标准的TRIZ问题，然后通过TRIZ理论中的发明原理得出最终的解决方案。

（3）40个发明原理

在创立TRIZ理论之初，阿奇舒勒就坚信解决发明问题的方法是存在的，因此，在对大量发明专利进行分析、研究、归纳、精炼和总结之后，阿奇舒勒发现了这些发明专利背后的客观规律，并从中提炼出了TRIZ理论中最重要的、最具有普遍用途的40个发明原理（见表4-2），让创新过程有了方法学的引领。

扫一扫

40个发明原理

40个发明原理常应用在技术工程领域，用来解决技术矛盾，帮助产品迭代与创新。不同的发明原理，其属性规则及给人带来的启发也各不相同。

表4-2　40个发明原理（部分）

序号	名称	内容解说
1	分割原理	①把一个物体分成相互独立的部分；②将物体分成易于组装和拆卸的部分；③提高物体的分割和分散程度
2	抽取原理	①从物体中抽出产生负面影响的部分或属性；②从物体中抽出必要的部分或属性
3	局部质量原理	①把均匀的物体结构或外部环境变成不均匀的；②让物体的各部分执行不同功能；③让物体的各部分处于各自的最佳状态

（续表）

序号	名称	内容解说
...	......	......
38	强氧化原理	①用含氧量高的空气替代普通空气；②用纯氧替代富氧空气；③用电离辐射替代纯氧；④用臭氧替代离子化氧气
39	惰性环境原理	①用惰性环境取代普通环境；②向物体投入中性或惰性添加剂；③使用真空环境
40	复合材料原理	用复合材料取代均质材料

当前，40个发明原理已经从传统的技术工程领域扩展到医学、电子、管理和文化教育等多个领域，这些发明原理的广泛应用促进了许多发明专利的产生，为人类文明的进步做出了巨大贡献。学习并掌握这40个发明原理可以使发明问题更具有可预见性，对解决生产、生活和科研中遇到的各种问题有重要的启示和促进作用，如有助于缩短发明的周期、提高发明效率。

（4）矛盾矩阵

矛盾矩阵是1976年阿奇舒勒在39个通用技术参数的基础之上，将其与40个发明原理建立对应关系而制定的39×39矩形表，是用来解决技术矛盾的重要工具之一。矛盾矩阵（部分）如图4-3所示。

改进参数		削弱参数						
		运动物体的重量	静止物体的重量	运动物体的长度	......	监控与测试的困难程度	自动化程度	生产率
		1	2	3	......	37	38	39
运动物体的重量	1	+		15, 8, 29, 34	......	28, 29, 26, 32	26, 35, 18, 19	35, 3, 24, 37
静止物体的重量	2		+		......	25, 28, 17, 15	2, 26, 35	1, 28, 15, 35
运动物体的长度	3	8, 15, 29, 34		+	......	35, 1, 26, 24	17, 24, 26, 16	14, 4, 28, 29
......					......			
监控与测试的困难程度	37	27, 26, 28, 13	6, 13, 2, 8, 1	16, 17, 26, 24	......	+	34, 21	35, 18
自动化程度	38	28, 26, 28, 35	28, 26, 35, 10	14, 13, 17, 28	......	34, 27, 25	+	5, 12, 35, 26
生产率	39	35, 26, 24, 37	28, 27, 15, 3	18, 4, 28, 38	......	35, 18, 27, 2	5, 12, 35, 26	+

图4-3　矛盾矩阵（部分）

矛盾矩阵的第二行和第一列为39个通用技术参数的名称，第三行和第二列分别为39个通用技术参数的序号。其中纵列表示要改进的参数，横行表示要削弱的参数。因为该矛盾矩阵主要是用来解决技术系统中的技术矛盾的，物理矛盾可以用其他方法解决，所以在矩阵对角线上出现了158个空格。另外的1263个方格中，列有0~4行数字，代表TRIZ理论推荐的解决对应矛盾的发明原理的序号。根据40个发明原理的表格，即可找到序号对应的发明原理。

扫一扫

矛盾矩阵

既然矛盾矩阵中包含了解决技术矛盾的答案，应该如何运用矛盾矩阵呢？

首先，需要通过分析确定技术矛盾包含的参数，找出要改进的参数和要削弱的参数。假设想改进的参数是"运动物体的重量"，想削弱的参数是"形状"，那么要先找到这两个参数对应的通用技术参数的序号，再在矛盾矩阵中找到相应横行纵列相交的方格，里面的数字就是解决此矛盾可运用的发明原理的序号。然后根据发明原理序号查找对应的发明原理，如"10，14，35，40"对应原理如下：10——预先作用原理；14——曲面化原理；35——改变参数原理；40——复合材料原理。根据相关原理的描述，就能得出具体的解决方法。

需要注意，若找到的发明原理都不适用于解决当前矛盾，则需要重新定义通用技术参数和技术矛盾，再次应用矛盾矩阵，筛选出最理想的解决方法，以便进入产品的方案设计阶段。

案例分析

使用矛盾矩阵减轻学生负重压力

某年，北京一家报社对小学生的书包重量进行了调查，发现北京小学生书包的重量普遍偏重，有的学校一年级学生的书包重量的平均值已达2.85千克，最高值竟达3.68千克，而六年级学生的书包重量的平均值达到3.59千克，最高值为6.71千克。这种重量对于学生的身体发育十分不利。不少学生出现脖子痛、后背痛或腰痛的情况，其中一些学生已经出现了不同程度的脊柱侧弯或驼背。

通过实践，设计者发现即使在双肩背包的背面加上"防护板"，也难以从根本上遏制学生脊柱被压弯的趋势。那么如何解决这个问题呢？

学生的书包应该有很大容量以便携带更多的书本、作业本等，但大容量又意味着大的重量，这对学生来说又是十分不便的，因此可将书包的容量与书包的重量看作一组技术矛盾。

借助矛盾矩阵可以找出解决这组技术矛盾的发明原理的序号。书包容量与重量这组技术矛盾的矛盾矩阵如图4-4所示。

改进参数		削弱参数					
		运动物体的重量	静止物体的重量	运动物体的长度	静止物体的长度	运动物体的面积	静止物体的面积
		1	2	3	4	5	6
运动物体的重量	1	+		15, 8, 29, 34		29, 17, 38, 34	
静止物体的重量	2		+		10, 1, 29, 35		35, 30, 13, 2
运动物体的长度	3	8, 15, 29, 34		+		15, 17, 4	

图4-4　书包容量与重量的矛盾矩阵

若要改变静止物体的重量则需要改变静止物体的长度，可以运用发明原理10、1、29、35；若要改变静止物体的重量则需要改变静止物体的面积，可以运用发明原理35、

30、13、12。然后从中选取可用的发明原理，如选取原理35（改变参数原理）和原理30（柔性外壳或薄膜原理），这样得到的解决办法就是：把肩带加宽，在肩带与肩膀接触那面以及包体与后背接触的地方加垫一些柔软且能分摊重量的海绵之类的物品。接触面积增大之后，压强会减小，且肩带越宽就越省力，这样就能有效减轻学生负重压力。

点评

此案例关注到书包的容量与书包的重量这组技术矛盾，利用TRIZ理论的矛盾矩阵与发明原理，既解决了书包过重的问题，又满足了必要的容量需求。

2. 物理矛盾与分离原理

在讲解了技术矛盾的相关知识之后，下面将介绍技术系统中常见的另一种矛盾——物理矛盾，以及解决物理矛盾的方法，即分离原理。

（1）物理矛盾

阿奇舒勒认为，当一个技术系统的同一工程参数出现了相反的需求时，就会出现物理矛盾。也就是说，技术系统的某个参数既要出现又不存在，或既要高又要低，或既要大又要小，等等。具体表现如下。

● 技术系统或关键子系统必须存在，又不能存在。

● 技术系统或关键子系统具有某性能"F"，同时应具有性能"–F"，其中，"F"与"–F"是相反的性能。

● 技术系统或关键子系统不能随时间变化，又要随时间变化。

例如，为了便于加速并降低加速时的油耗，汽车的底盘应较轻，但为了保证高速行驶时汽车的安全，底盘又应较重。这种要求底盘既轻又重的情况，对于汽车底盘的设计来说就是物理矛盾，解决该矛盾是汽车底盘设计的关键。类似的物理矛盾还包括：炒菜时间短一些，食物营养价值更高，但时间太短，食物又没熟，可能引发食品安全问题且影响口感，因此人们既要求时间长一点，又要求时间短一点；设计建筑时，人们既要求墙体有足够的厚度以保证坚固，又要求墙体尽量薄以使建筑进程加快并且总重比较轻。

某些技术矛盾还可以转化为物理矛盾。例如，长公交车的长度与操控难度这组技术矛盾转化为物理矛盾即为：公交车要长，这样才能装载更多的乘客；但又要短，这样才更好操控。这时这组技术矛盾就体现为对公交车长度这个参数的不同要求，变成了物理矛盾。

（2）分离原理

分离原理是在解决各种物理矛盾的方法的基础上提炼出来的概念，主要有空间分离原理、时间分离原理、条件分离原理和整体与部分分离原理4种。

● **空间分离原理**：将矛盾双方在不同的空间中进行分离。例如，图书馆划分安静区与讨论区，保证既能进行小组讨论，又能使人在安静的环境中学习。

● **时间分离原理**：将矛盾双方在不同的时间段进行分离，以降低解决问题的难度。例如，下雨时人们希望雨伞越大越好，这样才能更好地遮雨，但雨伞太大又会占用过多的存放空间。因此，设计者利用时间分离原理设计出可折叠的雨伞，这样雨伞在下雨时可以撑开，在存放时又能少占用空间。

● **条件分离原理**：将矛盾双方在不同的条件下进行分离，以降低解决问题的难度。例如，水管要使用刚性的材料，避免其因水的重量过大而变形；但水管又应该软一些，否则在冬天易被冻裂。因此，设计者选择弹塑性好的复合材料，使水管既可以抵御水的重量造成的变形，又难以被冻裂。

● **整体与部分分离原理：**将矛盾双方在不同的系统级别上进行分离。例如，子母机将电线与母机连在一起，子机采用无线连接的方式代替有线连接，即用电磁场代替原来的机械场，从而实现子机与母机的分离。

（3）分离原理的应用

分离原理可以说是统领各个发明原理的重要方法，与40个发明原理也存在对应关系，一种分离原理对应多个发明原理。分离原理的核心思想是进行矛盾的分离，主要被用来解决各种物理矛盾。表4-3所示为分离原理与对应的发明原理。

表4-3　分离原理与对应的发明原理

分离原理	发明原理
空间分离原理	1. 分割原理；2. 抽取原理；3. 局部质量原理；4. 非对称原理；7. 嵌套原理；13. 反向作用原理；17. 多维化原理；24. 借助中介物原理；26. 复制原理；30. 柔性外壳或薄膜原理
时间分离原理	9. 预先反作用原理；10. 预先作用原理；11. 事先防范原理；15. 动态性原理；16. 不足或过度作用原理；18. 机械振动原理；19. 周期性作用原理；20. 有效持续作用原理；21. 急速作用原理；29. 气压与液压结构原理；34. 抛弃与再生原理；37. 热膨胀原理
条件分离原理	22. 变害为利原理；27. 廉价替代品原理；28. 替代机械系统原理；29. 气压与液压结构原理；31. 多孔材料原理；32. 改变颜色原理；35. 改变参数原理；36. 相变原理；38. 强氧化原理；39. 惰性环境原理
整体与部分分离原理	1. 分割原理；5. 合并（组合）原理；6. 多功能性原理；8. 重量补偿原理；12. 等势原理；13. 反向作用原理；22. 变害为利原理；23. 反馈原理；25. 自服务原理；27. 廉价替代品原理；33. 同质性原理；40. 复合材料原理

3. 物–场模型与标准解法

如果一个技术系统的参数属性不明显，此时矛盾矩阵无法有效发挥作用；而结构属性较为明显，可以用物–场模型与标准解法来解决问题。

（1）物–场模型

阿奇舒勒认为，每一个技术系统都可以由许多功能不同的子系统组成，而每个子系统可以进一步地细分，直到分子、原子、质子以及电子等微观层次。无论是技术系统、子系统还是微观层次各自都具有独特的功能属性，它们可以细分为2种物质和1种场，即物–场模型，如图4–5所示。

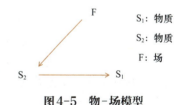

图4-5　物–场模型

常见的物–场模型主要包括4种，分别是有效完整模型、不完整模型、效应不足的完整模型、有害效应的完整模型。

阿奇舒勒通过对物–场模型的认真分析，发现并总结出了物–场模型的3条定律。

● 所有功能都可分解为3个基本元件，即物质S_1、物质S_2和场F。

● 将相互作用的3个基本元件进行有机组合，可以形成一个功能。

● 一个完整的功能必须由3个基本元件组成。

其中，场F通过物质S_2作用于物质S_1，并改变物质S_1。物质S_1是一种需要改变、加工、发现、控制、位移、实现等的"目标"；物质S_2是发挥某种必要作用的"工具"；场F是产生作用物的"能量或力"，用来实现两个物质间的相互作用和影响。箭头由物质S_2指向物质S_1表示物质S_2作用于物质S_1，并形成了场F。例如，工人在粉刷墙面时，是用油漆作用于墙面，由此形成一个有效的化学场，其物–场模型如图4-6所示。

图4-6　工人刷墙的物–场模型

（2）标准解法

阿奇舒勒在研究各种发明问题时发现：如果问题的物–场模型是一样的，那么解决方案的物–场模型也是一样的。这个规律无关领域，因此他用"标准"一词表示物–场模型一样的问题的通用解法，这种根据物–场模型配备的成模式的解法被称为标准解法。

标准解法一共有76个，主要被用于解决技术系统进化模式的标准问题，并可建议采用哪一种系统转换来消除存在的问题。

4．How to模型与知识库

TRIZ理论的How to模型与知识库也为创新和问题解决提供了有力的支持。How to模型通过一系列问题引导问题解决的全过程，帮助人们找到最佳的解决方案；而知识库则提供了丰富的创新经验和解决方案，为各个行业和领域的创新者提供了宝贵的指导和启发。

（1）How to模型

How to模型由5个重要的问题构成，这些问题涉及问题的本质和原因、限制条件等。通过回答这些问题，人们可以逐步缩小解决方案的范围，找到最适合的解决方案。

● **"为什么存在问题？"**：这个问题旨在帮助人们了解问题的本质和原因。通过深入分析问题的本质和原因，我们可以更准确地解决问题，并避免类似的问题再次发生。

● **"什么是理想的解决方案？"**：通过设想理想的解决方案，我们可以以此为目标，更有针对性地寻找解决方案。

● **"现在存在哪些限制条件？"**：这个问题用于了解问题的环境和现有的限制条件。通过识别和理解这些限制条件，我们可以避免提出不可行或无法实现的解决方案。

● **"如何解决现有的矛盾？"**：在解决问题时，经常会遇到相互矛盾的要求和条件，通过寻找这些矛盾的解决办法，我们能够找到更创新、更有效的解决方案。

● **"如何逐步实施解决方案？"**：通过设定实施计划，我们可以使解决方案更易于实施和控制，这有助于我们持续改进解决方案并确保其可行性和可持续性。

（2）知识库

TRIZ理论还提供了一个丰富的知识库。这个知识库是通过对众多专利和创新案例的研究和分析得到的。知识库中的信息可以帮助人们了解不同行业和领域中的创新趋势和解决方案，并为他们提供灵感和启示。

知识库中的信息非常详细和丰富，它涵盖了各种不同的问题和行业，从机械工程到化学工艺，从电子技术到建筑设计。这使得其成为一个强大的工具，可以用于应对各种不同类型的问题和挑战。

知识库中的信息主要以模式和原则的形式存在。模式是指特定问题的常见解决方案，而原则是指指导创新和解决问题的一般准则。通过对知识库中的模式和原则进行研究和理解，人们可以更好地应用知识库解决实际问题。

4.2.4 一种算法——发明问题解决算法

发明问题解决算法（ARIZ）是TRIZ理论中一种十分有效的分析和解决问题的算法。它主要用于解决物理矛盾，以及复杂的、困难的和模糊的发明问题。ARIZ具有易操作性、实用性、系统性等特性。对于一些情境复杂、矛盾不明显的非标准发明问题，使用ARIZ解决会更加有效、可行。因此，ARIZ在全球创新科学研究与应用领域中占有一席之地。

在不断地演化发展后，ARIZ已经形成了较为完善的理论体系，其解决问题的流程可以细化为9个步骤，如图4-7所示。

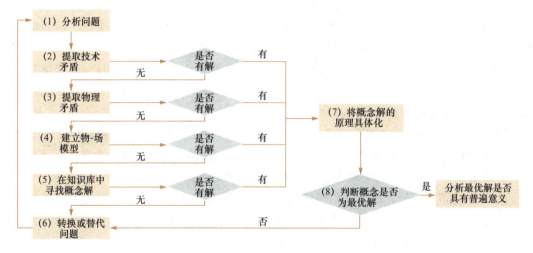

图4-7 用ARIZ解决问题的流程

（1）**分析问题**：对需要解决的问题，尽量用通用和标准的术语描述，分析存在的矛盾是单一矛盾还是多重矛盾。

（2）**提取技术矛盾**：将矛盾双方用TRIZ理论中的39个通用技术参数表示；应用矛盾矩阵，查找解决问题的相应发明原理，若有解，可直接转到步骤（7）。如果要解决的问题不属于技术矛盾，则可直接跳过此步骤。

（3）**提取物理矛盾**：若系统的同一工程参数出现了相反的需求，则可直接尝试提取物理矛盾，采用4种分离原理来解决问题，若有解，可直接转到步骤（7）。如果要解决的问题不属于物理矛盾，则可直接跳过此步骤。

（4）**建立物-场模型**：如果要解决的问题也不属于物理矛盾，则可尝试建立物-场模型。在完善物-场模型的同时，可以参考TRIZ理论提供的76个标准解来寻求可行解的标准方案，若有解，可直接转到步骤（7）。如果建立物-场模型困难，则可直接跳过此步骤。

（5）**在知识库中寻找概念解**：在TRIZ理论提供的知识库中寻找概念解，并凭借个人的经验将其转化为具体的解决方案。

（6）**转换或重新定义问题**：若通过步骤（1）～（5）问题并未解决，则需转换或重新定义问题，加强冲突，由原问题产生新问题，并返回步骤（1）再次分析问题。这一步是运用ARIZ求解的关键。

（7）**将概念解的原理具体化：** 在这一步可能获得多个概念解，对得到的每个概念解都要考虑其可行性，并结合具体问题将概念解的原理具体化。

（8）**判断概念解是否为最优解：** 对照技术系统的8个进化法则来判断概念解是否为最优解，只有符合这些进化法则的概念解才是最优解。如果不是最优解，则需要返回步骤（1）重新分析问题。

（9）**分析最优解是否具有普遍意义：** 如果在步骤（8）中得到最优解，则对得出的结果进行等级划分，评定问题及解决办法，判断其最优解是否具有普遍的意义。

下面将以竹质椅类家具的设计为例，介绍用ARIZ解决问题的流程。

竹板材家具作为竹家具工业化生产的一个新的方向，可有效缓解我国木材短缺的现状，有利于充分利用我国丰富的竹林资源。家具中的椅子具有很强的实用性，能为人体提供支撑、便于人们休息，使用场景十分丰富。

调研显示，消费者更倾向于购买轻量化结构、可调节、外观简洁的家具，故竹质椅类家具的设计也应该尽量体现这3个特点，即需要解决3组矛盾。

（1）**轻量化设计：** 在设计中需要减小椅子的重量，减小椅子的体积，还需保证其强度和结构稳定性。对应的改进参数为运动物体的重量、静止物体的重量以及静止物体的体积，需要避免削弱的参数为强度与结构稳定性。

（2）**可调节设计：** 可调节椅子功能灵活多变，在使用中能满足不同消费者的各类需求。需要增强椅子在多种场景下的适用性，但这也会使椅子结构变得更复杂。对应的改进参数为适用性及多用性，需要避免削弱的参数为装置的复杂性。

（3）**外观简洁设计：** 随着人们审美偏好以及装修风格的变化，外观简洁的家具越来越受到消费者青睐。如何在保证椅子外观简洁的同时保证其使用中的稳定性是十分重要的问题。对应的改进参数为形状，需要避免削弱的参数为结构稳定性。

根据上述分析，椅子的矛盾矩阵如表4-4所示。

表4-4　椅子的矛盾矩阵

功能需求	改进参数	需要避免削弱的参数	对应发明原理的序号
轻量化设计	运动物体的重量	强度	28, 27, 18, 40
	静止物体的重量	强度	28, 2, 10, 27
	静止物体的体积	结构稳定性	28, 10, 1, 39
可调节设计	适用性及多用性	装置的复杂性	15, 29, 37, 28
外观简洁设计	形状	结构稳定性	33, 1, 18, 4

由此，可找到13个不同的发明原理。由于TRIZ理论的发明原理只是为设计者提供一种解决问题的通用思路，并不是所有发明原理都适用于本次设计，所以需要根据设计需求，针对具体问题探讨这些发明原理的可行性。

以下是筛选后的发明原理

（1）**轻量化设计：** 运用原理1（分割原理）和原理40（复合材料原理）。将椅子的各个部件的连接方式设计为可拆卸结构，缩小其在运输中的体积，将立体的家具转换成扁平化的形态，降低运输难度；使用榫卯结构，使用机器在各个部件上加工出卡槽，部件通过卡槽之间的互相交叉、卡挂进行连接，这能使椅子加工方便、造型简洁、安装便捷；采用五金件连接部件更加利于现代化、标准化的加工生产，能够使椅子实现便捷的装配和拆卸。

（2）**可调节设计：**运用原理15（动态性原理）。一般的可调节家具的调节方式分为伸缩式和旋转式，根据动态性原理可知，要想取得同样的效果，旋转比往复运动更省力，所以椅子的调节方式尽量选择旋转式，以实现椅子形态的灵活变化，便于移动。此外，部件连接处由于受力、活动较多，容易磨损，在设计时可将部件连接处换成耐磨材质，以有效提升椅子的强度及耐久性。

（3）**外观简洁设计：**运用原理33（同质性原理）。在对椅子进行装饰的过程中，可以尽量选用同种材料或属性相似的自然材料，如木材等，同质材料能够为使用者带来更加和谐统一的视觉感受。

4.3 TRIZ理论的创新思维方法

在TRIZ理论中，为克服创新和发明过程中的思维惯性，阿奇舒勒构建了九屏幕法、最终理想解法、小人法、金鱼法和STC算子法5种创新思维方法。

4.3.1 九屏幕法

九屏幕法是TRIZ理论中典型的系统思维方法，是规划构想、引发创意、引导思考的重要工具，也被阿奇舒勒称为天才发明九屏法。

九屏幕法通过九屏图法解决问题，能够帮助人们从时间及空间两个维度对问题进行全面、系统的分析。使用该方法分析和解决问题时，不仅要考虑技术系统，还要考虑它的子系统和超系统。

简单来说，九屏幕法就是以时间为轴，观察过去、现在和未来；以空间为轴，考虑技术系统及其"组成（子系统）"和"系统环境和归属（超系统）"。因而，从时间与空间的二维角度来思考问题，共同构成了至少9个屏幕的图解模型，如图4-8所示。

图4-8 九屏幕法

以下是九屏幕法的运用步骤。

（1）画出三横三纵的表格，如图4-9所示，将要研究的技术系统填入格子1，这个技术系统就是你要解决问题的技术系统。系统界定要适中，比如要改进一辆汽车的轮胎问题，我们把技术系统界定为轮胎或车轮较为合适；若界定为整个汽车，显然过大；若界定为轮胎上的花纹，又显然过小。

超系统		3	
技术系统	4	1	5
子系统		2	

图4-9　九屏幕法示意图

（2）考虑技术系统的子系统和超系统，将考虑结果分别填入格子2和3。子系统就是技术系统向下一级的系统，超系统就是包含技术系统的系统。

（3）考虑技术系统的过去和未来，将考虑结果分别填入格子4和5。从时间的角度来考虑技术系统的发展状态，时间可长可短，据设立的技术系统而定。若技术系统要解决一个实际问题，时间尽可能短一些；若技术系统要研究新的产品问题，时间可能要长一些。

（4）考虑超系统和子系统的过去和未来，将考虑结果分别填入对应的格子。按与步骤（3）相同的原则去考虑。

（5）针对每个格子，考虑可用的各种类型的资源。资源主要可分为以下6类：物质资源、市场资源、信息资源、空间资源、时间资源及功能资源。

（6）考虑如何利用这些资源解决技术系统的问题。

4.3.2　最终理想解法

TRIZ理论在解决问题之初，首先抛开各种客观限制条件，通过理想化状态来定义问题的最终理想解，以明确其所在方向，保证在问题解决过程中沿着此方向前进并找到最终理想解，从而避免了传统创新设计方法中缺乏方向的弊端，提升了创新设计的效率。

虽不是永远都能找到最终理想解，但是它能给问题的解决指明方向，也有助于克服思维惯性。问题一旦被正确地理解并描述出来，问题解决方案也就有了眉目。确定了问题的最终理想解后，检查其是否符合最终理想解的特点，并进行技术系统优化，使其达到或接近最终理想解。

能力提升训练

通常情况下，人眼只能看到180°范围以内的物体，因此很多情况下如果斜后方存在潜在危险，人是无法及时做出反应的。你能运用最终理想解法思考如何在基本不改变眼镜传统结构的前提下，扩大人眼视线范围吗？

_____

_____

4.3.3　小人法

按照常规的思维方式，在解决问题的时候，通常选择的策略是从问题的分析中直接得出解决方案，而这个过程所采取的手段一般是在原因分析的基础上运用头脑风暴法、试错法等方法。这种解决问题的策略往往会导致思维惯性，从而大大降低解决问题的效率。

小人法也被称为小矮人模型，是指当系统内的部分组成元件不能实现必要的功能和完成必要的任务时，就用多个小人分别代表这些组成元件，不同的小人表示实现不同的功能或具有不同的矛盾，重新组合这些小人，使它们能够发挥作用。小人法把需要解决的问题转化为小人模型，再运用该模型建立解决方案模型，从而得到最终的解决方案，这样可以有效地规避思维惯性。

运用小人法解决问题的流程如下。

（1）分析技术系统和超系统的构成，理清系统的层次。

（2）确定系统存在的矛盾或问题，并分析矛盾或问题存在的根本原因。

（3）建立小人模型。将系统中的不同组成元件分别用不同颜色的小人表示，并用一组小人表示系统中存在的矛盾，即不能实现特定功能的组成元件，建立发生矛盾或出现问题时的系统模型。

（4）建立解决方案模型。抛开原有问题的环境，对所得系统模型中的小人进行移动、充足、增补或剪裁等改造，建立解决方案模型。

（5）根据解决方案模型，从模拟环境回到现实环境中，实现问题或矛盾的解决。

4.3.4　金鱼法

在创新过程中，有时我们产生的想法看起来并不可行甚至不现实，但是，这些想法的实践效果却令人称奇。如何才能克服对看起来是幻想的、不现实的想法的自然排斥心理呢？金鱼法可帮助我们解决此问题。

金鱼法需要将想法反复迭代，其本质是将不现实的想法变为可行的解决方案。具体来说，金鱼法的应用可以分为以下5个步骤。

（1）将不现实的想法分为现实和幻想两个部分。

（2）提出问题并回答问题，思考幻想部分为什么不现实，尽力对此进行严密而准确的解释，否则最后可能又会得到一个不可行的想法。

（3）提出问题并回答问题，思考在什么条件下幻想部分可变为现实。

（4）列出子系统、技术系统、超系统的可利用资源。

（5）从可利用资源出发，对情境加以改变，以实现看似不可行的幻想部分，从而提出可能的解决方案。如果解决方案不可行，再次回到第（1）步。如此反复进行，直至得到可行的解决方案。

能力提升训练

　　某个偏远山区既无资源优势，也无品牌效应，当地村民不善营销，此地仅拥有一项优势——空气清新，未受污染。那么，清新的空气究竟能否创造价值呢？又该如何将其转化为财富？试着用金鱼法进行分析。

_____

_____

4.3.5 STC算子法

通常，工程师在解决技术问题时对系统已非常了解和熟悉，一般对研究对象有一种"定型"的认识和理解，而这种"定型"的特性在时间、空间和资金方面表现尤为突出。此种"定型"会使工程师形成心理障碍，从而妨碍工程师清晰、客观地认识研究对象。这种心理障碍对工程师的影响表现在两个方面：一是工程师所建立的思维结构可能与解决技术问题所用方法相差甚远；二是这种心理障碍会使工程师主观地过滤掉某些所谓的与技术问题无关，但实际上非常重要的信息，并在此基础上加入某些实际上与技术问题无关而又被工程师认为很重要的信息，导致工程师在解决技术问题和寻找可利用的资源时走上一条"不归路"。

STC算子法通过极限思考方式想象系统，将尺寸（Size）、时间（Time）和成本（Cost）因素进行一系列变化的思维实验，用来打破思维定式，是一种非常简单易用的方法。运用STC算子法的步骤如下。

（1）明确研究对象现有的尺寸、时间和成本。

（2）想象其尺寸逐渐变大以至无穷大时会怎样。

（3）想象其尺寸逐渐变小以至无穷小时会怎样。

（4）想象其时间逐渐变长以至无穷长时会怎样。

（5）想象其时间逐渐变短以至无穷短时会怎样。

（6）想象其成本逐渐变大以至无穷大时会怎样。

（7）想象其成本逐渐变小以至无穷小时会怎样。

4.4 大学生如何运用TRIZ理论解决问题

以下是大学生运用TRIZ理论解决问题的优秀案例，这些案例展示了从发现问题到提出解决方案的完整过程，以及如何利用TRIZ理论的工具和方法论指导实践。

4.4.1 引入TRIZ理论辅助人工采桃机械手创新设计

CDIO（Conceive-Design-Implement-Operate）教学模式是一种源自瑞典的工程教育模式。它由麻省理工学院和瑞典几所大学共同研发，目的是使工程教育更加贴近实际，让学生具备实践能力、创新能力和团队协作能力，以适应当今复杂的社会环境。

西安交通大学机械工程学院经过多年的探索实践，在"CDIO创新设计"项目实践中将TRIZ理论引入实践教学，并使其贯穿教学全过程，为创新设计中的诸多问题提供了高效、可行的解决方案，为培养本科生的机械创新设计能力提供了实训路径。"引入TRIZ理论辅助人工采桃机械手创新设计"是西安交通大学"CDIO创新设计"项目的一个优秀案例。

在对果农采桃过程进行详尽调研后，项目团队发现以下几个关键问题。

（1）桃林地形复杂，大型机械难以应用，果农需要弯腰在低矮的桃树之间穿行，并通过手动扭断果柄的方式来完成采摘工作。

（2）人工采摘需直接接触水蜜桃，这可能使水蜜桃受到机械损伤从而腐烂，影响储存。

（3）水蜜桃表面的桃毛易引发果农过敏等不良症状，且采桃时需要频繁弯腰也提高了果农的工作强度。

基于问题分析，项目团队认为有必要设计一种机械结构，以辅助果农高效和无损采摘水蜜桃。根据TRIZ理论，项目团队确定该技术系统的组成元件包括机械手、机械手臂和控制系统，超系统的组成元件是果农，作用对象是水蜜桃，如图4-10所示。

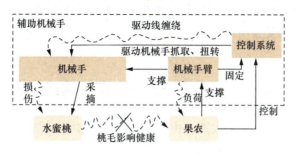

图4-10　辅助人工采桃机械手的技术系统和超系统

从技术问题出发，项目团队对功能模型进行矛盾分析，逐级详细分析造成矛盾的深层原因，并参考TRIZ理论对各矛盾解决方案进行搜索。辅助人工采桃机械手的主要技术矛盾如表4-5所示。

表4-5　辅助人工采桃机械手的主要技术矛盾

项目	主要技术矛盾		
	技术矛盾1	技术矛盾2	技术矛盾3
技术描述	机械手抓取水蜜桃	同时驱动机械手实现抓取和扭转	机械手臂长
改进参数	避免与桃毛接触	摘下水蜜桃	采摘低矮果实
削弱参数	易损伤果皮	驱动线发生缠绕	果农手腕负荷加重

主要技术矛盾的解决方案如下。

（1）**技术矛盾1**：可采用功能导向搜索法解决。功能导向搜索法是在对目前跨领域现有成熟技术进行功能分析的基础上解决问题的工具，通过这种方法，项目团队发现欠驱动机械手可实现无接触、自适应采摘，但传统欠驱动机械手仅能实现单次采摘，因而这一矛盾需进一步解决。

（2）**技术矛盾2**：可将该技术矛盾转化成物理矛盾，就是既需要驱动机械手实现抓取和扭转，又不能让驱动线缠绕，可运用分离原理中的空间分离原理解决这一矛盾。

（3）**技术矛盾3**：通过建立矛盾矩阵，在40个发明原理中找到问题的解。考虑到加工量及成本，选择原理13（反向作用原理），通过外骨骼结构将力传递给果农的大臂，从而减轻其手腕的负荷。

项目团队对整体解决方案进行了详细设计，其主要由4个模块组成，如图4-11所示。

图4-11　整体解决方案

思维点拨

该项目不仅解决了实际农业生产中的痛点问题，也为工程教育改革提供了宝贵的经验。通过这种方式培养出来的大学生，将更能适应当今复杂的社会环境，更有可能成长为具备实践能力、创新能力和团队协作能力的复合型人才。

4.4.2 TRIZ理论指导下的水陆空三栖汽车的迭代研发

中国TRIZ杯大学生创新方法大赛是由科学技术部和中国科学技术协会联合主办的中国创新方法大赛3项专项赛之一，专门针对大学生，旨在培养大学生的创新能力和实践能力。在第十二届中国TRIZ杯大学生创新方法大赛中，哈尔滨工程大学航天与建筑工程学院的项目"TRIZ理论指导下的水陆空三栖汽车的迭代研发"以总分第一的成绩获得金奖。

水陆空三栖汽车是一种可以在不同环境下运行的汽车，并能快速切换不同的运行模式，其在军事、海上运输、海洋调查与研究等方面都有着广泛的应用前景。随着社会对高效、灵活交通方式的需求日益增长，这类汽车的发展对于提升应急响应速度及特定区域内的物流效率至关重要。

这类汽车的特色在于其独特的飞行能力和多功能性，亮点则在于其高效的飞行能力和适应各种复杂环境的能力。为了实现上述目标，项目团队专注于以下几个方面。

（1）**动力系统**：通过S形曲线分析与专利调研确定了高性能发动机的研发方向，确保水陆空三栖拥有足够的推力输出。

（2）**结构设计**：采用轻量化材料和技术来减轻车身重量，同时保证结构强度；此外，还引入了纵向静不稳定的布局理念，即根据飞行状态实时调整气动焦点和质心位置，以提高汽车在复杂环境中的稳定性和可操控性。

（3）**智能控制系统**：集成了多模态控制系统、高效能源管理系统以及先进的安全舒适性配置，实现了更加精准的飞行控制；同时，利用多种TRIZ理论工具优化智能控制系统的架构设计，增强系统的可靠性并提升用户体验。

在研发过程中，团队成员充分运用了TRIZ理论的各种分析工具和技术手段，如九屏幕法帮助识别资源的新颖用途，矛盾矩阵则为克服设计冲突提供了有效路径。

思维点拨

该项目将对低空领域的发展产生积极影响，并为军民融合飞行器的研发提供新的思路。同时，在行业管理创新及生产流程优化方面，水陆空三栖汽车的高效性和多功能性将推动相关行业的技术升级，提高生产效率和资源利用率。

本章实训

智能手机性能不断提升，处理器运算速度越来越快，然而手机散热问题却日益凸显。这不仅影响了用户体验，还可能导致电池寿命缩短、性能下降等问题。

本章实训要求大学生通过运用TRIZ理论，对手机散热问题进行分析和解决，得出手机散热问题的最优解决方案。

1．分析问题。

（1）使用精准、通用的技术语言对手机散热问题进行详细描述。

_____

（2）深入思考手机散热问题中存在的矛盾。

_____

2．提取技术矛盾。

（1）将手机散热问题相关的特性转化为TRIZ理论中的通用技术参数。

_____

（2）依据通用技术参数在矛盾矩阵中查找，确定可能适用的发明原理。

_____

3．如果通过提取技术矛盾无法有效解决问题，尝试从物理矛盾角度分析，并运用分离原理解决手机散热问题。

_____

4．建立物–场模型。

（1）分析手机散热问题中的物质和场并建立物–场模型。

_____

（2）根据建立的物–场模型，查找标准解法，获取可能的解决方案。

_____

5．如果矛盾不明显且物–场模型建立困难，在TRIZ理论的知识库中寻找与手机散热相关的解决方案。

_____

6．如果还没有找到有效解决方案，返回步骤（1）重新分析问题。重新审视问题的描述，寻找之前忽略的矛盾或影响因素。

_____

7．对得到的解决方案进行具体分析。

_____

_____

8．对照技术系统的8个进化法则，判断各个解决方案是否为最终理想解。如果没有符合这些进化法则的最终理想解，则需要返回步骤（1）重新分析问题。

_____

9．对得到的最终理想解进行等级划分，从创新性、实用性、普遍性等方面评定问题及解决方案。例如，如果解决方案不仅适用于当前型号手机，还适用于其他手机或电子设备，且具有较高的创新性和实用性，那么该解决方案就具有典型、普遍的意义，可进一步研发和应用。

_____

_____

_____

延伸阅读与思考

华为：持科技之剑，跨万重之山

1987年，43岁的任正非在深圳成立了华为，这家企业当时的主要业务是代理香港某企业的交换机。当时，国内通信设备市场基本被国外大企业及其在中国的合资企业垄断。任正非意识到，单纯依赖代理模式无法在市场竞争中立足。1990年，华为开始自主研发交换机，并于1993年推出首款自主研发的C&C08数字程控交换机。这款产品奠定了华为在国内通信市场的地位，标志着华为从贸易型企业向技术型企业的转变。

1996年，华为的销售收入达到15亿元，此后逐年增长。然而，2001年，华为错失了后来风靡全国的小灵通的利润，业绩大幅下滑，不少骨干员工流失，这场危机被称为"华为的冬天"。但华为在半年的时间里就攻克了小灵通技术，并借助强大的供应链系统，将原本高达2000元的小灵通出货价拉低到了300元。2003年之后，华为慢慢走出了"冬天"，同时在各条战线上实现了绝地反击。2004年，华为增资重新加速，收入超过462亿元。同年，华为与英国电信达成合作，这标志着其正式进入欧洲高端市场。此后，华为通过高性价比的产品和优质的服务，迅速在全球通信市场站稳脚跟。

2019年，华为面临芯片断供和技术封锁。作为一家科技企业，华为深刻地明白，技术创新是企业的核心竞争力，只有做好自主技术创新，才能抵御"寒冬"和未来的不确定性。因此，华为始终坚持自主技术创新。

经历了种种困难，华为在技术创新方面取得了许多重要的成果。

芯片是华为非常重视的领域。华为通过自主研发及与伙伴合作，不断提升芯片的性能，打造自己的芯片生态。例如，华为推出了麒麟系列、昇腾系列、鲲鹏系列等多个芯片产品系列，应用领域覆盖智能手机、云计算、服务器等。

5G是华为最具优势和影响力的技术领域之一。华为不仅在5G网络建设和用户发展方面取得了显著成绩，还在5G标准和创新方面发挥了引领作用。其利用5G技术开发的5G芯片拥有强大算力，不仅具有高速、低延迟等优势，还具有良好的安全性和可靠性，因此得到了广泛的认可。

在软件技术、无线领域、物联网、云计算、智能汽车、拍摄技术等方面，华为也有突破与创新。例如，华为和赛力斯合作推出的问界M5汽车使用了新开发的自动驾驶技术ADS 2.0，以实现无人驾驶；其智能座舱使用鸿蒙车载桌面，并将华为智能语音助手小艺作为行程管家，提供"一站式"贴心关怀。

> **问题**
> 1. 华为在其技术创新过程中是否可以应用TRIZ理论或其他类似的系统性创新方法？具体如何应用？这种应用如何帮助华为解决特定的技术难题或促进产品创新？
> 2. 华为在发展历程中，遭遇了很多个"冬天"，它是如何应对的呢？这些经验对你个人或初创企业在面临类似困境时有何借鉴意义？

第**5**章

开发一个创新项目

情景导入

    经过在学校小范围、低成本的试运行，215宿舍终于确定了这个创新产品的潜力，心中萌生出更远大的抱负——将产品推向社会。李老师指出："社会场景与校园场景大不相同，零散的创新产品难以满足社会需求。建议你们用项目来串联创新链条，将社会视为创新的全新起点，从零起步，探索从创意到产品的全流程，真正实现创新价值的转化。"如何激发团队的创新热情，让创意源源不断？项目的核心创新点又该聚焦于何处？团队拥有的资源是否足以支撑项目的开展？带着这些困惑，他们开始对团队状况进行全面审视，对项目的可行性进行严谨评估。在这个过程中，他们不断地推翻又重建创意，经过无数个日夜的讨论与尝试，他们终于迈出了新的一步，将项目从学校推广到了社会。

本章将贴近创新项目的开发全过程，引导大学生激发创新热情，审视项目的核心创新点，评估自身资源和项目可行性，开展创新实践，总结与优化项目；同时，帮助大学生判断项目的优劣，保护和转化自己的创新成果。通过本章的学习，大学生能系统掌握创新项目开发的全流程知识与技能，在创新道路上少走弯路，稳步推进创新项目。

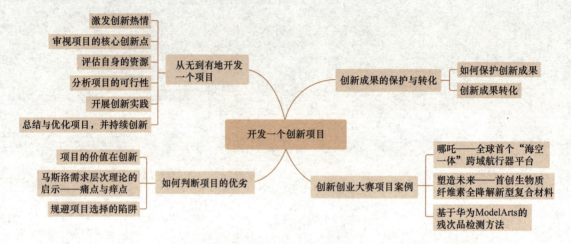

5.1 从无到有地开发一个项目

无论是打造一家成功的企业，还是在企业内部寻求新的业务增长点，抑或是科研人员探索技术突破，开发创新项目都是实现目标的关键途径。然而，从创意萌芽到创新项目落地是一个漫长且复杂的过程，尤其对于大学生而言，开发一个创新项目，往往是从零开始的。下面将站在大学生的角度，介绍一个项目是如何从无到有发展起来的。

5.1.1 激发创新热情

由于接触社会的机会有限，社会阅历尚浅，大学生在创新的道路上常常容易陷入动力不足、方向迷茫的困境。大学生要更好地激发自己的创新热情，可从以下几个方面思考。

（1）**个人兴趣**：心理学研究显示，一个人只有从事自己喜欢又有能力做的事情，才会自觉地、全身心地投入工作，才有可能在遇到困难和挫折时勇往直前，千方百计克服困难。大学生应该尽量将创新项目与个人兴趣相结合，且二者结合度越高，就越能积极发挥大学生创新的主动性。

（2）**技能与优势**：大学生应全面梳理自己的技能，明确有哪些技能能够运用到创新项目中。例如，擅长设计的学生在项目中可以充分运用其在产品外观设计、用户界面设计等方面的技能，提升产品的吸引力。

（3）**个人目标**：大学生不妨从内心的愿望出发，不断追问自己"为什么要做某件事"，通过深入探寻个人目标，精准定位自己真正关心的问题或领域，并将这份热忱转化为创新的强大驱动力。

通过以上深入思考以上几个方面，大学生可以更好地定位自己的自我价值，找到创新的内在动力。当内在动力充足后，大学生便可以借助图5-1所示的项目构思画布，初步构思自己的项目。

图5-1 项目构思画布

5.1.2 审视项目的核心创新点

在初步形成创新想法后，大学生需要进一步审视项目是否具有核心创新点。这一步骤至关重要，因为它决定了项目根基有多稳、项目能走多远。

核心创新点可以体现在技术、商业模式、服务方式等多个方面，但应能够成为项目在市场竞争中的关键优势，即具备独特性和价值性。

（1）**独特性**：项目与现有的产品或服务有明显的区别，能够吸引目标用户群体。

（2）**价值性**：项目能够为用户解决实际问题、提升用户体验或者创造新的市场需求。

例如，滴滴作为一家提供共享出行服务的公司，虽然拥有多项智能技术，但它成功的核心创新点在于把社会上冗余的出行资源释放出来，满足大量的出行需求。这一核心创新点确保了滴滴商业模式的合理性，从而成就了这家共享出行巨头。

对于大学生而言，核心创新点探索画布是一个非常实用的工具。该画布（见图5-2）可以帮助大学生从场景出发，通过追问的方式，找到项目的核心创新点。通常来说，核心创新点只有一项，最多不超过两项。大学生在不断追问项目的核心创新点的过程中，应紧紧把握项目的核心、重点与着力点，直至完成整个创新项目。

图5-2 核心创新点探索画布

在这个阶段，大学生还需要持续关注项目在市场、技术、政策等方面面临的挑战，并根据实际情况对项目做出调整。最后，大学生还需要对项目能够取得的效果进行预测和评估，明确给出最终目标。

案例分析

韦尔股份：一家从分销开始的半导体芯片设计公司

1966年，虞仁荣出生于浙江宁波，他从小就聪颖优秀。1985年，虞仁荣考入清华大学。1990年，虞仁荣毕业后进入老牌IT公司浪潮集团，成为一名工程师。1992年，他入职芯片分销公司香港龙跃电子，担任北京办事处销售经理。这段工作经历让虞仁荣对芯片代理行业有了深入的了解，积累了丰厚的原厂和客户资源。

1998年，虞仁荣自立门户，创建华清兴昌科贸有限公司，这家公司主营电子元器件分销和贸易代理业务。虞仁荣的创业起步时机又准又稳，2000年，《国务院关于印发鼓励软件产业和集成电路产业发展若干政策的通知》（国发〔2000〕18号）发布，相关产业进入高速发展期，虞仁荣公司的分销业务也做得风生水起。他先后拿下了多个国际知名品牌，如松下、安森美等的代理权，成为北京地区最大的电子元器件经销商，每年的利润高达1000万美元。

"做经销商不是长久之计，必须搞自主研发。"在激流之中，虞仁荣依旧能冷静地看透本质。2007年，虞仁荣再次跳出舒适圈，开始布局未来，和从西安交通大学电气工程毕业的马剑秋合资在上海创办了韦尔股份，开始研究起了半导体。

为了确保公司资金能正常流转，虞仁荣选择了"两条腿走路"，让公司主营半导体芯片设计、分销业务，并先依靠分销稳住当前的局势。他先利用在行业内的声望，与光宝、松下等极具权威性的半导体厂商达成了合作，又将华清兴昌科贸有限公司的资源整合进来，由此形成了一条完整的供应链。有分销赚来的资金托底，韦尔股份发展迅速，仅成立10年就在上海证券交易所成功上市了。

随后，虞仁荣更是胸怀大局，以极大的魄力相继收购北京豪威、思比科等公司的股权，大幅提升了半导体芯片设计在公司业务中的占比，公司业务重心转至芯片设计。韦尔股份一跃成为全球图像传感器三巨头之一，收获华为、小米等一批大客户。2021年，韦尔股份迎来市值巅峰，市值突破3000亿元。2021年至2024年，虞仁荣稳居中国芯片行业首富的宝座。

某种程度上，韦尔股份代表着中国芯片产业的一种发展路径。虞仁荣说："半导体行业的发展需要很强的持续性，只要我们耐得住寂寞，孜孜不倦地投入技术研发，深耕10年、20年，一定会出现市值几千亿美元的芯片公司。我对未来充满信心。"

点评

在瞬息万变的科技浪潮中，只有技术创新才能赋予企业持续发展的动力。虞仁荣将自主技术研发作为韦尔股份的长期核心创新点，这使其在行业中站稳脚跟。如果虞仁荣仅仅满足于分销业务带来的短期利润，韦尔股份或许就只能在产业链下游徘徊，难以在竞争激烈的半导体行业崭露头角。

5.1.3 评估自身的资源

开发一个项目需要一定的资源支持，包括人力、物力、财力等。因此，在项目启动前，对自身资源进行全面评估至关重要。在资源评估过程中，大学生应保持客观，既要清晰认知自身优势，又要正视资源短板。

1. 评估人力

审视自身是否具备项目所需的专业技能和知识。以人工智能项目为例，核心团队成员需掌握算法研究、软件开发、数据分析等专业技能，同时具备丰富的项目经验与扎实的知识储备。倘若自身在某些技能领域存在欠缺，就需要评估自身是否有能力组建团队，以吸引并留住合适的人才来填补技能缺口。

2. 盘点物力

物力是项目实施的物质基础，涵盖设备、工具、材料等。大学生需仔细检查现有物力是否能满足项目需求。例如，一个硬件研发项目可能需要特定的实验设备、电子元件等。若现有物力不足，应积极探寻获取途径，如租赁设备、与高校实验室合作共享资源等，同时评估获取这些资源的成本与可行性。此外，还需关注现有技术是否能支撑项目核心功能的实现，若技术存在瓶颈，需考虑技术升级或引入外部技术支持的可能性与成本。

3. 核算财力

创新项目从研发、生产到市场推广，各阶段都需大量的资金投入，大学生要对项目各阶段的资金需求进行精准预算，核算出总资金缺口。随后，评估自身财务状况，判断是否有足够的资金储备支持项目启动与初期运营。若资金不足，可考虑多种融资渠道，如申请创业贷款、参加创业大赛赢取奖金、寻求天使投资、与外部机构合作等。

大学生在评估资源时，往往会发现自身资源存在不足，面对这种情况，切勿气馁。大学生可以通过多种方式整合资源，弥补资源短板。在资源整合过程中，应注重资源的优化配置，确保每一份资源都能发挥最大效用，为项目发展提供有力支撑。

5.1.4 分析项目的可行性

全面分析项目在技术、经济、市场和操作等方面的可行性，这是创新项目实施前的最后一道关卡。SWOT分析法是一种较为简便且易行的可行性分析工具。

SWOT分析法通过对优势（Strengths）、劣势（Weaknesses）、机会（Opportunities）和威胁（Threats）的系统分析，来判断项目的整体可行性。这种方法兼顾内外部因素（优势、劣势为内部因素，机会、威胁为外部因素），为制定科学合理的策略提供了重要依据。SWOT分析图如图5-3所示。

优势（S）	劣势（W）
机遇（O）	威胁（T）

扫一扫

运用SWOT
分析法的
案例

图5-3 SWOT分析图

（1）**优势**：对开展项目有利的内部因素，如先进的技术、充足的资金、独特的创意等。

（2）**劣势**：对开展项目不利的内部因素，如缺乏经验、技术难题等。

（3）**机会**：对开展项目有利的外部因素，如市场需求增长、政策支持等。

（4）**威胁**：对开展项目构成潜在威胁的外部因素，如竞争对手、经济衰退等。

通过系统的SWOT分析，大学生可以较为准确地判断一个项目的整体可行性，更好地把握项目的方向，制定出更加科学有效的策略，从而提高项目成功的可能性。

案例分析

市场环境变化影响光伏项目布局

2024年10月，国家电投集团旗下的内蒙古电投能源股份有限公司对外发布了《关于核销赤峰市阿鲁科尔沁旗40MW户用分布式光伏项目公告》。该项目总投资1.63亿元，2022年9月立项，2023年7月完成投资决策批复。

根据测算，该项目资本金财务内部收益率为8.53%。然而，内蒙古电投能源股份有限公司称：根据分布式光伏项目投资收益率最新要求，该项目已不具备继续推进条件，建议核销。

内蒙古电投能源股份有限公司在公告中表示，尽管该项目的收益率看似不低，但根据公司当前的投资策略和标准，这一收益率已无法满足公司对于新能源项目的收益要求。公司需要更加审慎地评估投资风险，确保项目的经济性和可行性。

此前，该项目一直被业内认为是一个优质光伏项目。然而，随着市场环境的变化，光伏项目投资回报率不断下降，导致一些企业开始重新评估其在光伏领域的布局。

点评

一个项目在立项时非常有前景，但随着时间推移和市场环境的变化，项目的可行性可能会发生改变，这便要求大学生持续学习，持续关注、理解行业动态，洞察市场趋势。

5.1.5　开展创新实践

经过前期的准备，大学生就可以正式将创新项目投入实践了。开展创新实践是一个不断尝试和改进的过程。

1. 制订计划

依据项目的总体目标以及可调配的资源的状况，制订一份详细且具有可操作性的计划。计划中需明确各个阶段的时间安排、详细的任务分工等。在项目推进过程中，还需进行阶段性的核查和纠偏，以便对项目进度进行实时监控和调整。

2. 快速制作原型

在项目初期，应争分夺秒地制作出一个原型。这个原型可以为实物、软件或者仅为概念性的演示，它能帮助项目团队更直观、深入地理解项目的整体架构、功能需求和潜在问题。通过对原型的测试和验证，项目团队可以及时发现设计中的不足之处，进而迅速调整方向，避免在后续的开发过程中投入过多的资源进行大规模修改。

3. 迭代

创新实践是一个螺旋式上升的过程，需要不断收集各方反馈，并据此对项目进行持续的迭代。反馈来源应多元化，包括团队成员的专业意见、用户的实际体验感受以及行业专家的前瞻性建议等。团队成员要保持开放包容的心态，积极考虑各种不同的意见和建议，将这些反馈转化为改进的动力，通过一次次的迭代，逐步优化项目的质量和性能。

4. 风险管理

创新之路往往充满不确定性，难免会遭遇各种各样的风险，如无法攻克技术难关、市场需求发生变动、资金短缺等。为了有效应对这些潜在风险，必须做好风险管理。首先，要对项目可能面临的各类风险进行全面识别；其次，精准评估每种风险发生的概率及其可能产生的影响；最后，针对不同类型的风险制定相应的应对措施，如提前储备技术人才、进行市场调研以把握需求动态、合理安排资金预算和融资渠道等。通过这种系统化的风险管理，降低风险对项目的不利影响，确保创新实践能够顺利推进。

5.1.6　总结与优化项目，并持续创新

在项目完成后，需要对整个项目开发过程进行总结并再次优化项目，追求持续创新。这一步需要详细分析项目目标的达成情况，从技术、市场、经济等多个维度评估项目表现，通过深入的剖析，总结成功经验与失败教训，明确项目中表现出色的环节以及需要改进的地方，以将相关经验用于下一次创新。

（1）**总结经验教训**：回顾整个项目流程，对成功经验和失败教训进行系统性总结。仔细分析项目开发期间遇到的各类问题，深入思考解决问题的策略与方法，进而提炼出一套契合自身项目特点的创新方法论。这不仅有助于理解项目中的优势与不足，还能为后续项目开发提供宝贵的参考依据。

（2）**优化项目**：依据总结结果，对项目进行全方位优化。优化方向涵盖技术改进以及用户体验提升等多个方面。这一环节旨在增强项目的市场竞争力，确保项目在不断变化的市场环境中具备可持续发展能力并更好地满足市场需求。

（3）**持续创新**：创新是一个永无止境的过程，不应因单个项目的结束而停滞。将本次项目总结的经验积极应用于新的项目中，持续探索新的创新点，推动项目不断向前发展。

5.2　如何判断项目的优劣

在这个信息爆炸的时代，人们每天都会面对来自四面八方的项目。其中，部分项目的宣传极具吸引力，仿佛人们只要投身其中，就能立刻获取一把开启财富大门的金钥匙，实现人生价值。然而，现实往往十分残酷，并非所有项目都具备发展潜力，也并非所有项目都能被称为优质项目。对于涉世未深的大学生而言，项目的选择似乎变得更加扑朔迷离。那么，大学生究竟应该如何精准判断一个项目的优劣呢？

5.2.1　项目的价值在创新

判断一个项目的优劣，首先要看它的价值，一个项目最大的价值就在于它的创新。创新

涵盖新颖性、有价值和可行性这3个关键要素，一个优质项目必须同时涵盖这3个关键要素。

（1）**新颖性**：项目不能因循守旧，要打破常规思维，在理念、技术、模式等方面展现出独特的新思路，能够填补市场空白或提供与众不同的解决方案。新颖性是项目吸引用户和投资者的关键，它能确保项目在竞争激烈的市场中脱颖而出。

（2）**有价值**：项目应能够满足用户的需求，解决实际问题，创造经济或社会效益。有价值是项目可持续发展的基础，它能够确保项目长期吸引用户并帮助创业者实现商业目标。

（3）**可行性**：项目在技术、经济、资源、时间等方面应具备实施的条件，能够在实际环境中落地。可行性是项目从概念走向现实的关键，它能确保项目不仅在理论上可行，而且在实践中也具备可操作性。

另外，在项目的开发过程中，赢利能力是不可或缺的。一个没有赢利能力的项目，无论多么具有创新性，都难以在残酷的市场竞争中长期存活。例如，共享单车项目通过极具创新性的商业模式，为解决城市出行"最后一公里"的难题提供了方案，也创造了巨大的商业价值。然而，部分共享单车企业由于缺乏赢利能力，最终在市场竞争中被淘汰。

案例分析

持续创新：康硕电气从跟跑者到引领者

康硕电气于2010年成立，致力于关键零部件领域的基础研究、开发、生产和成果转化，是国内关键零部件领域智能制造的引领者。

创始人刘斌在参观麻省理工学院时，深深震撼于依靠3D打印等技术制造的微小航天零件。经过一番调研，刘斌从国外购进了100多台3D打印设备，并在首饰行业发达的广东佛山建厂，生产3D打印蜡膜模具，产品供给制造定制首饰的企业。

随着3D打印技术的快速推广，行业竞争日趋激烈，但康硕电气缺乏原创能力，业务规模和订单量严重缩水。仅依靠"拿过来"的技术和设备，企业难以掌握发展的主动权，刘斌决定转战工业零部件铸造领域。为了钻研工业级3D打印技术，刘斌几乎跑遍了北京所有与3D打印技术创新相关的企业。终于，他找到了方向——砂型3D打印模具。

传统砂型铸造工艺无法满足新产品开发以及复杂铸件（如叶片、发动机缸体和缸盖等）等单件小批量生产模式下的生产柔性化要求，这在一定程度上限制了铸造行业的快速发展。与传统砂型铸造工艺相比，砂型3D打印技术具有生产能力强、造型效率高、砂型性能好和原材料可重复利用等优势，适合个性化、单件和大型构件的高性能制造。

当时，砂型3D打印只有国外有成熟的技术，从德国进口一台设备要花费上千万元。康硕电气还没有从转型的阵痛中缓过来，刘斌就从德国订购了几台大型3D打印设备，又花钱建厂等，这使企业的资金周转越发捉襟见肘。

尽管如此，康硕电气仍然非常重视人才的培养和技术的研发：要求部分有潜力的员工每周当着其他员工的面，上台为大家讲自己准备的技术创新课程；提倡研发人员每日轮流提问，更鼓励因技术创新的分歧而"吵架"；还制定了一系列创新规则，为研发试错兜底……

2018年，北京与河南的联合创新项目为康硕电气带来了机遇，砂型3D打印项目启动。2021年，康硕电气相关业务收入突破亿元，行业知名度水涨船高。如今，康硕电气是关键零部件创新成果产业化的承载平台，已成为国家高新技术企业、国家专精特新"小巨人"企业。

点评

　　康硕电气的成就，离不开其对过往经验的总结与反思，以及其在技术、管理和商业模式上的持续创新。这些举措让康硕电气在复杂多变的市场环境中找准方向，不断突破，不仅为自身赢得了广阔发展空间，也为国内关键零部件领域的智能制造树立了标杆。

5.2.2　马斯洛需求层次理论的启示——痛点与痒点

　　美国著名社会心理学家亚伯拉罕·马斯洛提出了著名的需求层次理论，这个理论将人类需求比作一座金字塔，从底层到顶层，需求逐层递进。这些需求层次相互关联、相互影响，构成了人类内心世界的复杂系统。马斯洛需求层次理论模型如图5-4所示。这5个层次的需求的内容如下。

图5-4　马斯洛需求层次理论模型

　　（1）**生理需求**：人类维持自身生存的最基本要求，包括吃、喝、穿衣、住房、健康等方面的需求。生理需求是推动人行动的最强大的动力。

　　（2）**安全需求**：人对安全、秩序、稳定及免除恐惧、威胁与痛苦的需求。

　　（3）**社交需求**：与他人建立情感联系，以及隶属于某一群体并在群体中享有地位的需求。

　　（4）**尊重的需求**：这是较高层次的需求，既包括希望取得成就或实现自我价值，也包括希望他人认可与尊重自己。

　　（5）**自我实现需求**：这是最高层次的需求，人希望最大限度地发挥自身潜能，不断完善自己，完成与自己的能力相称的一切事情，实现自己的理想。

　　马斯洛认为，当人们满足了较低层次的需求后，才有可能期望满足较高层次的需求。当我们衡量一个项目的价值时，也可以从这一角度来看：一个项目如果能满足人们越多不同层次的需求，就越有吸引力、越有价值。

　　（1）**痛点**：痛点对应马斯洛需求层次理论模型下面2个层次的需求，是指用户在使用或接受现有产品或服务时遇到的严重问题，这些问题直接影响了用户的使用体验和生活质量。如果项目能够解决用户的痛点问题，通常会受到用户的热烈欢迎，因为用户对痛点问题的解决有强烈的渴望。

（2）**痒点**：痒点对应马斯洛需求层次理论模型上面3个层次的需求，是指用户在使用或接受产品或服务的过程中遇到的一些小问题或不便。例如，一些高端定制的产品或服务，就是针对用户追求独特与高品质体验的痒点而开发的。虽然用户对痒点问题的解决需求不如对痛点问题的解决需求强烈，但如果能同时解决痛点和痒点问题，项目的价值会更高。

一个好的项目既可以关注痛点问题的解决，也可以挖掘痒点，通过满足用户潜在的心理需求，创造新的市场需求。

能力提升训练

第54次《中国互联网络发展状况统计报告》显示，截至2024年6月，我国网民规模近11亿人（10.9967亿人），其中短视频用户占网民整体的95.5%。

（1）推荐算法是短视频网站成功的重要因素。在你看来，算法是以什么样的机制工作的？它能否精准捕捉到用户的痛点与痒点？举几个生活中的例子。

_____

_____

（2）有人担忧，在互联网移动终端技术与大数据算法推荐技术不断发展的背景下，"信息茧房"将给用户、企业带来许多问题。你对此怎么看？

_____

5.2.3　规避项目选择的陷阱

在选择创新项目时，创业者常常会面临诸多诱惑和挑战，稍不留意就可能陷入一些常见的陷阱。

1. 盲目跟风

不要仅仅因为某个领域热门就盲目跟风选择那个领域的项目。热门领域虽然存在市场机会，但竞争也更为激烈，且可能已经有许多成熟的项目。例如，在前几年共享经济的热潮中，许多企业盲目涌入共享出行、共享住宿等领域，但由于缺乏核心竞争力和可持续的商业模式，大多以失败告终。大学生在选择项目时应结合自身的优势和资源，寻找独特的切入点，而不是盲目追逐热点。

2. 过度乐观

在项目评估过程中，要保持客观和理性的态度，避免过度乐观。过度乐观可能导致对项目的风险评估不足，忽视潜在问题，从而增加项目失败的风险。大学生需要对项目的各个环节进行全面、深入的分析，充分考虑可能遇到的困难和挑战，制定合理的应对策略。

3. 忽视用户需求

有些项目虽然技术先进，但不符合用户的真实需求，这样的项目很难获得市场的认可。在选择项目时，必须始终以用户需求为导向，确保项目能够为用户创造实际价值。大学生需要通过市场调研、用户访谈等方式，深入了解用户需求，避免陷入"伪需求"的误区。

能力提升训练

（1）在以下几个创新项目中，你认为有值得推进的好项目吗？如果有，请说明你的理由。

- 在扫地机器人上集成音响功能。
- 太阳能充电背包。
- 具有全新翻页动画效果的新型电子书阅读器。
- 一款无须密码即可远程控制家门锁的智能家居设备。
- 在智能手表上添加血糖监测功能。

_____

（2）你有自己的创新项目或想法吗？如果有，描述该项目或想法的核心概念，然后试着从无到有地开发这个项目；如果没有，选择上述某个项目作为你的创新项目。

_____

_____

5.3　创新成果的保护与转化

创新成果是创业者投入大量的资源、时间、精力后获得的宝贵结果。由于这些成果具有独特的价值，它们往往容易成为不法分子的目标，面临被侵害或盗用的风险，创业者应该学会使用法律手段保护自己的劳动结晶。

5.3.1　如何保护创新成果

在我国，很多创业者都是基于某个核心的技术优势进行创业，因此保护创新成果主要采用知识产权保护的形式。对于大学生创业者来说，要保护的知识产权主要包括商标权、专利权和著作权，具体内容如下。

1. 申请商标

商标是经营者为自身产品或服务添加的独特标记。我国早在1982年就通过了《中华人民共和国商标法》，根据其规定，商标是任何能够将自然人、法人或者其他组织的商品与他人的商品区别开的标志，包括文字、图形、字母、数字、三维标志、颜色组合和声音等，以及上述要素的组合。在通过商标注册程序后，商标即成为注册商标，注册商标受《中华人民共和国商标法》等法律法规的保护。

现代的经营者离不开商标，商标包含巨大的品牌价值，但又容易被仿冒，所以是知识产权侵权的重灾区。商标侵权行为不仅会损害商标所有者的利益，还会损害商标本身的价值。因此，对商标的保护就成为知识产权保护的重点。大学生产生创新成果后，可以通过申请商标的形式保护创新成果。

2. 申请专利

专利是指获得国家机关颁发的专利证书的发明创造，也称为专利技术。大学生如果在创新活动中取得了能够申请专利的创新成果，一定要积极申请专利，以更好地保护自己的创新成果。根据《中华人民共和国专利法》，受保护的专利分为发明专利、实用新型专利与外观设计专利3类，每种专利具有不同的申请条件与保护年限。

3. 著作权的法律保护

著作权又称版权，是指作者对其创作的作品依法享有的专属权利。著作权的主体即著作权人，第一著作权人是作者，但通过受转让、继承或赠与等方式取得著作权的公民、法人及其他组织也是著作权人。著作权的获取不用进行注册或登记等程序，中国公民、法人或者非法人组织的作品，不论是否发表，依照《中华人民共和国著作权法》享有著作权。

能力提升训练

近年来，我国二次创作领域的短视频发展呈井喷之势，原始创作激励和二次创作自由的矛盾日益加剧。有人认为大多数二次创作未经授权，损害了原始创作者的创作热情，因此应该加以限制；也有人说二次创作在一定程度上反映了创作自由和言论自由，有利于促进文化积累，如果将二次创作全部交由著作权人控制，将会不当缩减公共领域版权，对文化事业发展产生负面影响。

假设你是一位原始创作者或二次创作者，你如何看待智能时代二次创作的著作权纠纷问题？你认为在哪些方面创新才能保持自己独特的优势？以辩论的形式展开讨论。

5.3.2　创新成果转化

创新成果转化是指将智力成果转化为实际产品或服务，并通过规模化和标准化的应用来实现其价值的过程。这一过程不仅能够带来显著的经济效益，还能促进社会进步和发展。为了有效地将创新成果推向市场并获得收益，创业者可以采用以下几种方式。

1. 自主转化

最直接的创新成果转化的方式就是由创业者将创新成果产业化，然后将产品或服务投入市场获取经济效益。这种方式只适用于产品或服务类的创新成果，其他类型的创新成果，如管理方法创新成果，则无法实现自主转化。

2. 知识产权转让

创业者将创新成果的知识产权通过合同交予受让方，受让方获得创新成果的知识产权并向创业者支付转让费用，创新成果的转化由受让方实施。

3. 授权或许可

创业者授权或许可他人或组织行使除创新成果的所有权以外的其他财产权，并收取一定的许可费用；被授权方则按照合同约定使用其知识产权，完成创新成果转化。

4. 入股或出资

创业者以创新成果的知识产权入股或将知识产权视作出资，其本质是创业者将创新成果的知识产权转让给企业，将转让费用变为股权，成为企业股东。

5.4　创新创业大赛项目案例

创新创业大赛为大学生提供了新的机遇，点燃了无数青年学子创新创业的激情。大赛项目涉及经济社会生活的诸多方面，为诸多问题提供了新的解决方案。其中不少项目有极高的含金量和参考价值，大学生可以主动了解这些项目，加深对创新创业活动的理解和领悟。

5.4.1　哪吒——全球首个"海空一体"跨域航行器平台

中国国际大学生创新大赛（原中国国际"互联网+"大学生创新创业大赛）是我国深化创新创业教育改革的重要载体和关键平台，已成为覆盖全国所有高校、面向全体大学生、影响最大的高校"双创"盛会。

在2024年的中国国际大学生创新大赛中，上海交通大学海洋学院的项目"哪吒——全球首个'海空一体'跨域航行器平台"一路过关斩将，拔得头筹，获得大赛总冠军。

"哪吒"海空跨域无人航行器是一种能够在空中、水面和水下连续穿越航行的新型高机动运载平台，可被海上移动平台携载，实现无依托飞行式布放与回收，灵活搭载各类探测传感器及通信模块，具有空中飞行控制、定位，指定海域降落，自主下潜上浮，以及水下潜航和飞行返航等功能。

上海交通大学海洋学院海洋技术团队在一次与研究海洋和大气的学者交流时，敏锐地捕捉到台风和飓风研究领域对水上500米、水下50米的气象和水文数据的迫切需求，而当时国际上尚无专门收集这类数据的设备。于是，团队开展研究，致力于打造一种可以穿越航行于空中、水面和水下的高机动运载平台。

这一设想的实现并不轻松。理想与现实之间的差距使得团队面临巨大的技术挑战。例如，飞行器需要轻，潜水器则需要稳，如何让飞、潜的需求在一个平台上和谐共存？如何确保航行器在水、空两种介质中都能高效稳定地航行？

团队深知技术的迭代更新是推动创新的关键，从2016年开始，团队重点聚焦应用于跨域航行器功能融合多目标设计优化的方法，开展了"总体结构-水动-气动"协同设计、多旋翼飞行与潜航推进系统融合、小型轻量化浮力调节、出入水感知和跨介质稳定控制等关键技术攻关。

2017年，承载着团队最初梦想的"哪吒"1型诞生，该航行器具备水上500米、水下50米的探索能力。其后，一批又一批满怀激情与梦想的研究生接力参加这个项目，迭代研发出"哪吒"2型、3型、4型，以及"哪吒"海箭、"哪吒F"等一系列子型号。通过创新设计与迭代开发，"哪吒"系列航行器可以适应各种环境、胜任多种工作。

"哪吒"系列航行器新颖独特的"上天入海，飞潜合一"与跨介质连续观测的能力，在海洋探测、海洋工程建设、海洋资源开发保障和国防建设领域有巨大市场前景，为海空环境要素联合观测、水下目标探测识别、跨介质通信中继以及海事应急搜救等重要应用领域提供革新性平台。未来，团队将继续创新，保持技术优势，并努力拓展"哪吒"系列航行器的应用场景，将技术优势转化为应用优势。

思维点拨

该项目在技术上实现了重大突破，解决了飞、潜需求在同一平台上和谐共存的技术难题的同时，还通过持续迭代开发，提升了航行器的稳定性和适应性，使得"哪吒"系列航行器在多个领域展现出巨大的市场前景。该项目的研究成果为推动我国的海洋事业和国防建设做出了重要贡献，展示了创新创业的无限可能。

5.4.2 塑造未来——首创生物质纤维素全降解新型复合材料

"挑战杯"全国大学生系列科技学术竞赛是国内目前备受大学生关注的、非常热门的全国性竞赛之一。"挑战杯"全国大学生系列科技学术竞赛在我国共有两种竞赛，分别是"挑战杯"全国大学生课外学术科技作品竞赛（简称"大挑"）和"挑战杯"中国大学生创业计划竞赛（简称"小挑"）。这两种全国性竞赛轮流开展，每种竞赛每两年举办一届。

2023年，在由贵州大学承办的第十八届"挑战杯"全国大学生课外学术科技作品竞赛的主体赛中，湖南化工职业技术学院的科技发明制作项目"塑造未来——首创生物质纤维素全降解新型复合材料"从一众项目中突围，获得全国特等奖。

在快速发展的现代社会中，污染已成为全球性的环境问题。湖南化工职业技术学院制药与生物工程学院的学生在农村调研过程中发现了两个主要的环境问题：农村地区普遍存在难以降解的白色塑料垃圾；农民焚烧稻草和秸秆造成环境污染。这两个问题不仅影响了农村地区的生态环境，也对人类健康构成了潜在威胁，而市场上已有的可降解塑料又存在产能不足、价格过高、降解不彻底等问题。

基于此，湖南化工职业技术学院的"塑造未来"团队决定研发一种可以替代传统塑料的新型材料，这种材料不仅要易于降解，还要能够将农业废弃物作为原料，从而实现环保和资源再利用的双重目标。

该项目旨在通过科技手段，将稻草、秸秆等农业废弃物作为原料，开发出一种新型的生物质全降解复合材料。这种材料在特定条件（如太阳光照射或特殊菌群处理）下能够按预期时间降解，从而有效减少白色污染，促进生态平衡。

该材料的创新之处在于以下3点。

● **原料创新**：将稻草、秸秆等广泛存在的农业废弃物作为原料，实现了资源的循环利用。

● **全降解技术**：通过特殊工艺处理，材料能够在自然环境中完全降解，解决了传统塑料难以降解的问题。

● **性能优越**：材料在保持一定机械强度的同时，还具备良好的生物相容性和可加工性，可广泛应用于包装、地膜等。

该项目已申请多项相关专利，这为项目成果的保护和转化奠定了坚实基础，同时吸引了多家企业，显示出良好的市场前景。

思维点拨

团队从农村调研中发现实际问题，提出将农业废弃物转化为可降解材料的创新思路，不仅解决了农村白色污染和稻草、秸秆焚烧的难题，还推动了绿色材料的发展，引领了环保科技的潮流。该项目的研究成果不仅具有显著的经济价值，还具有社会价值，这种以科技创新为驱动的绿色发展模式值得我们深入思考和借鉴。

5.4.3　基于华为ModelArts的残次品检测方法

"揭榜挂帅"专项赛是"挑战杯"全国大学生课外学术科技作品竞赛中的一项特别竞赛。该竞赛以"政企发榜、竞争揭榜、开榜签约"的方式，引导大学生踊跃投身科研攻关第一线，促进大学生科技创新成果向现实生产力转化。

2024年11月，第十九届"挑战杯"全国大学生课外学术科技作品竞赛2024年度"揭榜挂帅"专项赛在北京、浙江举办。此次竞赛共发布56个选题，其中，由华为发布的"面向新质生产力的AI质检助力制造业数智化创新"的选题中，南京大学人工智能学院团队的项目"基于华为ModelArts的残次品检测方法"获全国特等奖并夺得擂主。

"揭榜挂帅"专项赛作为命题赛，团队深入理解赛题是取得成功的关键。在本次竞赛中，团队通过深入分析，发现华为对电路板缺陷检测的高效性、准确性以及国产化平台适配等方面极为关注。

团队通过调研发现，随着人工智能的发展，工业生产对智能化质检的需求日益增长，其中电路板缺陷检测是决定电子产品质量和竞争力的关键环节。传统人工视觉质检手段存在效率低、不稳定、准确性不高等问题，人工智能技术尤其是计算机视觉技术的应用，为这些问题提供了全新的解决方案。然而，在实际应用中，工业质检经常遇到小样本问题，即真实的缺陷图片数量有限，现有深度学习方案对数据要求较高、耗时较长、精度较低，这给模型训练带来了挑战。

基于此，团队聚焦于电路板缺陷检测以及整个工业质检领域，致力于开发出低计算开销、小样本需求、完全自主可控的电路板缺陷检测系统。团队分别从数据、模型和国产化适配3个层面进行开发。

● **数据层面：** 考虑到工业质检中的小样本问题，团队设计了一套基于缺陷池和切片的数据培育流程，这有效解决了数据稀缺的问题。通过这种方式，即使在样本量较小的情况下，也能够生成足够丰富的训练数据集，为后续的模型训练提供支撑。

● **模型层面：** 团队开发了精准高效的模型复用技术，提出结合大模型做大小协同检测的方案。具体而言，对于输入的待检印制电路板（Printed-Circuit Board，PCB）图片，先使用多个小模型进行初步检测；然后，将这些小模型检测的结果汇总，并通过一个更大规模的大模型进行最终的复核与优化，从而实现质检效率和性能的平衡。此外，为应对多变的真实工业生产场景中出现的新缺陷，团队还开发了动态核心集和知识复用等技术。

● **国产化适配层面：** 团队利用Ascend PyTorch Profiler工具分析性能，并加入华为NPU亲和算子进行适配优化，完成了从910B训练到模型导出、华为云服务存储部署、应用接入等一系列流程的全国产化平台适配工作，相关成果已获得华为昇腾技术认证书。

目前，项目成果正处于关键的优化与拓展阶段。团队与华为紧密合作，针对算法开展深入的工程性能优化工作，致力于在更广泛的数据集上测试模型性能，以进一步提升其准确性和稳定性。

思维点拨　　　该项目创新性地运用模型复用技术，解决了工业质检中数据稀缺、标注成本高昂的难题，帮助企业在样本量较小的情况下实现高效的质检，极大地降低了质检成本，提高了质检的效率和准确性，为新质生产力背景下的工业质检贡献了数智力量。

本章实训

本章实训将通过沉浸式的流程模拟，让大学生切实体验从创意到实践的完整的创新项目开发过程。

1. 进行头脑风暴。

（1）组队与角色分工。

_____

_____

（2）围绕社会痛点或技术痒点提出创新方向。

_____

_____

（3）提交一份"创新项目提案表"（内容应包含项目名称、项目背景、核心创新点、目标用户、初步技术路径）。

_____

_____

2. 进行可行性分析与资源整合。

（1）列出团队现有资源及需要补充的资源，制订资源获取计划。

_____

_____

（2）从技术、市场、法律3方面分析项目可行性。

_____

_____

3. 对创新项目进行全面、细致的工作分解，制订详细的项目进度计划。

_____

_____

4. 根据项目特点，设计创新成果保护方案和转化路径。

_____

_____

延伸阅读与思考

安踏：打造一流品牌，做"世界的安踏"

20世纪80年代，丁和木创办家庭鞋厂，从事代工生产。1991年，丁和木、丁世家、丁世忠父子3人创建安踏鞋业有限公司，品牌名称的意思是"安心创业，踏实做人"。

在安踏成立的最初几年，它走的仍是批发路线——把鞋子生产出来，再拿到各大商场去卖。后来，丁世忠发现了这种路线的弊端：有些商场的销售员不专业、服务态度差，会影响品牌的形象和口碑。于是，丁世忠开始布局专卖店，改善用户体验，提高用户对安踏的信任度。1997年，安踏更是先行一步，在行业内构建VI（Visual Identity，视觉识别）系统，规范商标识别与使用，这进一步提升了品牌的市场辨识度。

1999年，安踏率先打破行业惯性，以80万元聘请当时的乒乓球奥运冠军代言，并斥资300万元在央视体育频道打广告。"我选择，我喜欢"的广告语迅速提升了安踏的市场知名度，其销售额从2000万元猛增至2亿元。

2007年，安踏在香港联合交易所上市，募资超35亿港元，成为首个登陆资本市场的中国体育品牌。随后，安踏的门店数量突破6000家，形成覆盖全国的经销网络，其市场版图进一步扩大。

2012年，安踏超越李宁，坐上了国产运动品牌的头把交椅。2021年，安踏将战略目标更新为"单聚焦，多品牌，全球化"。

此后，安踏从多个方面发力，实现了高速发展。

在产品创新上，根据官方数据，安踏累计申请国家专利4655项，在中国体育用品品牌中排名第一。2020—2023年，其研发投入累计接近50亿元，建成国家级运动科学实验室。安踏推出的氮科技中底技术极大地提升了产品的缓震效果与回弹性；其积极采用天丝等环保材料，打造出众多备受用户青睐的产品。

在多元化品牌矩阵的建构上，安踏收购了众多品牌，如意大利运动品牌FILA（斐乐）、韩国高端户外品牌KOLON SPORT（可隆）、亚玛芬体育、NBA合作伙伴球类品牌Wilson、始祖鸟等，基本覆盖了大众专业、高端时尚、高端专业户外这三大主流运动赛道，形成了完整的品牌矩阵。

在供应链与渠道上，安踏拥有行业内自动化程度极高的制鞋工厂，配备200多台自动化生产设备，日产量超10万双。在线下，安踏有超7000家直营门店遍布全国，还与各大商超、运动专卖店合作；在线上积极入驻天猫、京东等主流电商平台，实现线下线上融合发展。

在品牌管理上，安踏以收购为契机，为品牌注入时尚与科技基因，通过多元化、独立化的管理模式激发子品牌的创新活力；与漫威、迪士尼等国际知名IP合作，举办"虚拟时装秀"等新颖活动，吸引年轻用户的关注；连续16年赞助中国奥委会，成为NBA、CBA官方合作伙伴，为36支国家队提供装备；开设限定主题店"SV幻巷"，深度融入潮流文化，聚焦年轻群体，为品牌注入新的潮流活力。

在社会责任的履行上，安踏9次携手中国奥委会，成为中国体育代表团官方合作伙伴，为中国体育事业的发展提供了有力支持；通过安踏儿童运动基金等项目推动全民健身；开展"山河计划"等环保公益活动，增强与用户之间的情感连接。

问题

1. 安踏是如何产生并发展为世界一流企业的？纵观安踏的发展历程，你的感悟是什么？

2. 安踏的首席运营官陈科认为，在通往高质量发展的转换期，需要更多的"非颠覆式创新"，即在现有市场之外寻找新的机会，从而避免直接与现有市场中的在位者竞争；也有人认为，创新就是要彻底改变现有市场和技术。你对此怎么看？

第**6**章

从创新到创业

情景导入

  215宿舍的项目逐渐步入正轨，取得了一定成果，在校级、省级创新创业大赛中都拿到了不错的名次。然而，学校创新创业教育中心的李老师却提醒他们，若想参加国家级创新创业大赛，还需具备创业思维、完善创业方面的配置，让创新成果得到更广泛的应用，产生更大的价值。可创新与创业之间有着怎样的联系？创业究竟意味着什么？他们真的具备创业的能力吗？尽管心中充满了疑问，215宿舍并没有因此退缩，而是带着对未来的憧憬，毅然踏上了创业之路。他们知道，只有不断探索、学习并勇于实践，才能在这条道路上走得更远。

本章将引导大学生从创新走向创业。创新是创业的基础，创业是创新的价值的实现途径。通过本章的学习，大学生将能更深入地理解创新与创业的关系，掌握创业的基本内容，了解创业者需具备的能力，从而为实现自己的创业梦想做好准备。

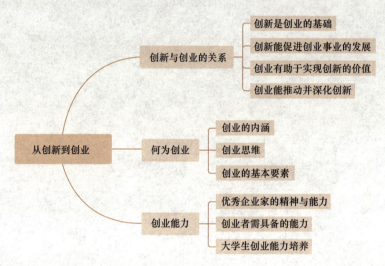

6.1 创新与创业的关系

创新与创业是两个不同的概念，但它们在本质上具有契合性，在内涵上相互包容，并在实践过程中展现出互动发展的态势。

6.1.1 创新是创业的基础

在创业的过程中，创业者只有具备创新思维和创新意识，才可能产生新的富有创意的想法和方案，才可能不断寻求新的模式、新的思路，最终获得创业的成功。没有创新，创业就会沦为单纯地"复制"已有企业商业模式的活动，创业者无法形成自己独特的竞争优势，就无法取得成功，创业活动也就失去了存在的意义与价值。

在科技领域，许多伟大的创业故事都始于创新。例如，苹果创始人乔布斯带领团队不断创新，推出了iPhone。在iPhone诞生之前，传统手机以按键操作和简单通信功能为主。苹果团队创新地引入了触摸屏技术和全新的交互理念，这种创新打破了人们对手机的固有认知。正是基于这样的创新，苹果开启了智能手机时代的创业征程，改变了整个手机行业的格局。如果没有这样的创新作为基础，也就不会有苹果在智能手机领域的成就。

又如，马云及其团队洞察到互联网技术在商业领域的巨大潜力，全力打造了集购物、支付、社交等多功能于一体的淘宝，打破了传统购物模式在时间和空间上的限制。这种创新为阿里巴巴的发展奠定了坚实基础，从最初的淘宝到后来涵盖多个业务板块的商业帝国，创新始终贯穿其中，是阿里巴巴成功的根本支撑。

6.1.2　创新能促进创业事业的发展

创新不仅是创业的基础，更是推动创业事业持续发展的关键动力。

1. 创新可以帮助企业获得差异化竞争优势

在竞争激烈的市场中，产品或服务的同质化问题严重，只有创新，企业的产品或服务才能脱颖而出。例如，在传统燃油汽车占据主导地位的汽车市场中，特斯拉致力于电动汽车技术的创新。这种创新使得特斯拉迅速在汽车市场中占据一席之地，吸引了大量消费者，促进了企业的快速发展。随着持续创新，特斯拉不断推出新车型和升级版的功能，这进一步巩固了其在电动汽车市场的领先地位，企业规模和市场份额不断扩大。

2. 创新可以帮助企业赢得消费者

很多消费者有"求新""求异"的心理，新颖的产品和服务能够吸引他们并提升其消费欲望。例如，华为通过不断研发新的摄影技术，如超级夜景模式、超广角拍摄等，满足了消费者对手机摄影越来越高的要求，华为因此在众多手机品牌中独树一帜；华为还在通信技术方面不断创新，其5G技术领先全球，这一创新优势不仅让其在消费者中赢得了良好的口碑，也吸引了众多国内外运营商和企业与其合作。

3. 创新可以帮助企业开拓市场

新的创新成果往往能够创造全新的市场需求，或有助于对现有市场进行深度挖掘和拓展。例如，共享经济模式催生了共享单车、共享汽车、共享办公等一系列项目。共享单车的出现，解决了人们出行"最后一公里"的难题，创造了一个全新的出行市场。这一创新不仅为创业者带来了商机，还拓展了用户群体，使出行市场的边界得到了极大延伸。通过不断创新服务模式和技术应用，共享经济创业企业得以在短时间内迅速发展壮大，改变了人们的出行和生活方式。

6.1.3　创业有助于实现创新的价值

创新的价值在一定程度上表现为将潜在的知识、技术和市场机会转化为现实的生产力，为社会提供新的产品或服务，获得更高的社会效益，而创业正是实现这种转化的重要途径。创新成果如果仅仅停留在理论或实验室阶段，无法对社会产生实质性影响。只有通过创业将创新成果转化为实际的产品、服务或商业模式，才能真正实现创新的价值。

例如，电子支付技术最初只是一种理论设想和实验室技术成果，创业者敏锐地捕捉到这一技术的潜在价值，通过开发支付宝等互联网支付工具，将电子支付技术应用到日常生活和商业交易中，极大地改变了人们的支付习惯和生活状态。创业不仅让电子支付技术落地，更通过市场的推广和应用，使其实现了巨大的经济和社会价值，改变了整个金融行业的格局。

6.1.4　创业能推动并深化创新

创业过程并非一帆风顺，创业者会面临各种各样的问题和挑战，这些问题和挑战促使创业者不断寻求解决方案，从而推动并深化创新。例如，在餐饮行业竞争激烈的当下，海底捞为了在市场中立足，不断进行创新，把服务做到极致。他们提供免费的小吃、美甲、儿童游乐区等特色服务，还通过智能点餐系统，让消费者可以根据自己的口味定制菜品。这些创新成果满足了消费者对于餐饮体验日益增长的需求，也是海底捞在激烈竞争中生存和发展的必然选择。

另外，创业者在创业过程中，会吸引到资金、人才、技术等多种资源。这些资源相互交流、碰撞，会产生更多的创新灵感和想法，这将进一步推动创新的深化发展。例如，在一些科技创业园区，众多企业汇聚在一起，形成了良好的创新氛围。企业之间的技术合作、人才流动以及企业与高校、科研机构的产学研合作，都为创新提供了更广阔的平台和更丰富的资源。这种创新生态系统能够加速创新成果的产生和转化，推动创新不断向更高层次发展。

案例分析

黄超兰与昱言科技：从科研榜样到创业先锋

2024年7月，昱言科技宣布，授予益普生一款ADC靶向药FS001的独家全球许可，益普生获得在全球范围内开发、制造和商业化FS001的独家权利。益普生是一家拥有近百年历史的大型跨国药企，而昱言科技只是一家成立仅几年的企业。将一款还未进入临床阶段的原创新药卖了70亿元，这使许多业内人士第一次知道了黄超兰和昱言科技。

昱言科技是一家新兴的生物技术企业，由国际顶级蛋白质组学专家黄超兰教授创立。相较于国内生物医药行业的创始人多数都来自国外知名药企，黄超兰长期从事基础研究，在这笔交易披露之前，她更为行业熟知的是她的临床和学术身份——北京协和医院疑难重症及罕见病全国重点实验室执行副主任、北京协和医学院终身教授、清华－北大生命科学联合中心研究员等。

在早年工作期间，黄超兰通过接触许多科学家和临床医生，发现了制药的困境：许多基础生物学的研究人员以发论文为主，但想真正解决临床问题要以转化为主，科研文章上的研究成果往往很难直接转化为能真正解决临床问题的结果。基础生物学体系中的研究以假设为主，从动物模型开始实验。但动物和人体机制相差太大，因此许多药物在后续的临床阶段失败率非常高。为此，黄超兰不遵循传统的流程，决定用自己的专长——蛋白质组学去找创新靶点。

在成立昱言科技之后，黄超兰用此前研究中的一个靶点验证自己研究的技术是否能成药，也就有了FS001。从2021年开始立项，到做成一个药物分子，昱言科技只用了2年时间，且FS001展示了令人惊讶的药效。相较之下，传统的药物研发流程到这个节点一般需要5～7年。

在创业上，黄超兰也不走寻常路。"创办企业都有风险，但是对比其他所谓的蛋白质组学企业，我们的企业资金流很健康，也没有拼命招人，将人数一直控制在二十几个人，其他的同类型企业可能在刚刚创办时就有100多人了。"摆脱了"大军团作战"这种固有思维模式的创业路径，黄超兰认为对于一家初创企业来说，小团队的作战模式更为可靠，这样的企业带有创始人极其个人化的印记，也往往代表着整个行业前沿的创新趋势。

点评

黄超兰从科研榜样变为创业先锋，充分表明了在创新驱动的时代背景下，个人的专业知识和前瞻视野可以转化为强大的商业动力，这也激励着更多科研工作者勇于探索未知，将科研成果实现商业化落地。

6.2　何为创业

缺乏创新能力的企业难以长期生存和发展，而仅有创新能力却没有创业能力的企业也无法在市场上站稳脚跟。只有将创新能力与创业能力结合起来，企业才能在快速变化的市场环境中取得成功。

6.2.1　创业的内涵

早在《西京赋》中就有"高祖创业，继体承基"的描述，这里的"创业"指的是"开创事业"或"创立基业"。随着时间的推移，创业开始指在商业领域开创事业，如创立企业、开设商店等，以不断创造经济价值和社会价值的行为。

现代对创业的定义大部分来源于西方经济学家杰弗里·蒂蒙斯，他在《创业创造》一书中提出："创业是一种思考、品行素质，杰出才干的行为方式，创业者需要在方法上全盘考虑并拥有和谐的领导能力。"哈佛大学商学院教授霍华德·斯蒂文森则将创业表述为"在不拘泥于资源约束的前提下，追逐机会并创造价值的过程"。

广义的创业具有开拓、创新的积极意义，涉及政治、经济、军事、文化、科学、教育等各个方面，能对社会乃至人类文明产生积极的影响。而狭义的创业则不拘泥于社会背景、资源条件等，只要创业者借助自己所掌握的理论和技能，依靠自身的经验，发现和抓住市场机会，从而开创个人事业，就可称作创业。

现代管理学认为，创业是创业者对自己拥有的资源或通过努力对能够拥有的资源进行优化整合，从而创造出更大的经济或社会价值的过程。这是关于创业相对规范和标准的阐述，本书也采用这一说法。

6.2.2　创业思维

创业是一个实现职业理想乃至人生理想的过程，这个过程充满了各种不确定性，需要人们不断行动并调整。而这种快速行动，通过试错、反思进行快速迭代，并实现目标的思维，就是创业思维。创业思维伴随整个创业过程，它既能帮助创业者进行决策和优化商业表现，也能帮助创业者发现和利用机会，寻找问题解决途径。

从本质上看，运用创业思维的最终目的是创造更多可能性，降低不确定性，找到创业成功的有效途径。作为研究创业者创业思维的重要成果，萨拉斯·D.萨拉斯瓦斯提出的效果推理理论能在这方面提供较大帮助。

效果推理理论是一套专门针对在不确定环境下思考、决策和行动的启发式逻辑体系。它的核心价值在于，深入剖析并阐释了在高度不确定的复杂情境中，创业者如何在具体行动过程中创造宝贵的机会。

萨拉斯通过对来自美国17个州的30位创业者的调研，从创业者在创业实践中的决策认知机制出发，提出了基于效果推理理论的创业决策逻辑，如图6-1所示。

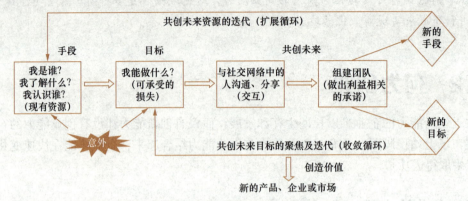

图6-1 基于效果推理理论的创业决策逻辑

效果推理理论认为，创业者将脑海中的想法转化为实际成果的过程是以行动为导向的，充满了不可预测性。创业者创业的初始条件包括以下3个方面。

（1）**我是谁**：创业者的特质、能力等。

（2）**我了解什么**：创业者先前的知识储备，如接受教育的情况及经验等。

（3）**我认识谁**：创业者的社交网络。

创业者基于上述3个方面的初始条件，进一步思考并判断自己能够从事何种创业活动，根据可承受的损失确认目标，通过与社交网络中的人积极互动、广泛沟通，验证自己的想法并寻找志同道合的利益相关者组建团队，并不断积累资源，从而开始创业活动。

相比传统的目标导向的决策机制，该理论认为创业者应创造性地利用现有资源，通过把握当前机会的调整性战略应对未来可能难以预料的情况。这一理论同时对21世纪以来，学者们从聚焦创业者特征转向揭示创业者的思维形式，探索"个体如何才能富有创业精神，创造机会并根据机会展开行动"的问题做出了回答。

能力提升训练

创业思维的核心在于创新、冒险和快速适应，它鼓励企业家和管理者跳出传统框架，寻找新的机会。有人认为，管理思维也很重要，它在企业运营中帮助企业家和管理者运用系统化、结构化的方法来解决问题、制定决策和规划未来，强调效率和可预测性。

在当今快速变化的市场环境中，你认为应该如何运用这两种思维？

_____

_____

6.2.3 创业的基本要素

经验表明，创业团队、创业机会、创业资源和商业模式是创业的基本要素。大学生在启动自己的项目时，应该对这些要素有深刻的理解和把握。下面对每个要素进行详细解释，以帮助大学生更好地规划和执行自己的项目。

1. 创业团队

俗话说"一个好汉三个帮"，创业最好不要单打独斗。在我国商业史上留下浓墨重彩的一笔的企业，往往都有一个优秀的创业团队，如腾讯的"五虎将"、阿里巴巴的"十八罗汉"等。创业团队是指为创业而形成的集体。团队成员为了实现统一的创业目标，往往分工合作、优势互补、风险共担，最终利益共享。优秀的创业团队是具有较强凝聚力的集体，团队成员具备共同的价值观、共同的目标，并且能齐心协力地向着共同的未来奋进。

2. 创业机会

创业机会是指以各种形式存在于创业市场的，有吸引力、适宜的，且可以持续创造经济价值的特殊商业机会。这些商业机会最开始表现为针对某项新业务而产生的创意，创意一般是创业者关于创业的初步设想，但并不是任何创意都是创业机会，只有优质的、具有商业价值的创意才是创业机会。每一个成功的创业活动都是一个或多个创业机会的具体体现。创业者要善于发掘和把握创业机会，根据创业机会有效地匹配资源，最终获取收益。

3. 创业资源

麻省理工学院管理科学教授伯格·沃纳菲尔特在1984年提出了资源基础理论，他认为企业是各种资源的集合体，资源是企业的基础。创业活动能否顺利进行，在很大程度上受到创业资源的影响。创业资源是指所有对创业项目以及创业企业经营发展有所帮助的要素及其组合。创业资源是企业创立和运营的必要条件，企业合理配置和运用各种创业资源，可以有效地将创业机会转变为实际的产品或服务，从而创造新的价值。

4. 商业模式

创业是一种商业行为，其直接目的是营利；商业模式是创业者用来获取利润的模式，是创业者整合资源、寻找创业机会，从而达到营利目的的内在逻辑。一般来说，一个完整的商业模式可以解答"怎样获得产品？""如何与用户完成交易？""如何通过商业模式获得收益？（如何使收入大于成本？）"等问题，并可帮助创业者进一步思考"如何扩大规模或提高收益？""如何扩大用户群体？"等问题。例如，最简单的"开店卖货"，其商业模式为：从供应商处批发商品，将商品陈列在店铺中供用户选购，用户选中商品后现场交易，钱货两清。其利润为"商品销售额-商品进货价-房租、人力等固定成本"的结余。

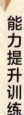

能力提升训练

你曾经梦想过创业吗？相信每个人都对未来有所憧憬，而创业梦想往往是个体对未来理想生活方式的反映。同学们可以尝试通过以下步骤，从自己的生活愿望中挖掘出潜在的创业梦想。

（1）想一想你未来想过的生活和8个愿望，将其填写在表6-1中。

表6-1　未来想过的生活和8个愿望

未来想过的生活

8个愿望			
1		5	
2		6	
3		7	
4		8	

（2）从上述8个愿望中选出3个对你而言最重要的愿望。

_____

（3）你认为如何才能实现你的愿望？

_____

（4）根据你的实际情况回答表6-2中的问题。

表6-2　创业相关问题自测表

问题	答案
1. 我为什么要创业	○生存　○实现自我价值　○有趣　○其他
2. 我是否有足够的信心，并愿意承担风险	○是　　○否
3. 我是否愿意放弃现有的利益	○是　　○否
4. 我是否能够承受可能遇到的压力	○是　　○否
5. 我能创业成功的核心资源优势是	○资金　○人际关系　○技术　○经验 ○商业运作能力
6. 如果创业失败，我是否有退路	○是　　○否
7. 我是否能够承担创业失败带来的后果	○是　　○否
8. 我创业可能遇到的最坏结果是	
9. 我认为我创业最大的风险是	

（5）你会选择创业吗？你的理由是什么？

_____

6.3　创业能力

创业是一项充满挑战的活动，创业者需要拥有多方面的综合能力。下面将从优秀企业家的精神与能力、创业者需具备的能力以及大学生创业能力培养3个方面，探讨创业者需要具备与培养的能力。

6.3.1 优秀企业家的精神与能力

2024年年底，《中国企业家》参考专业组的推荐及网络投票情况，多角度评估各行业头部企业负责人近一年的商业表现及社会影响力，最终选出了综合表现杰出的25位企业家，将他们作为"2024年度影响力企业领袖"。这些企业家包括小米的雷军、比亚迪的王传福、宁德时代的曾毓群、百度的李彦宏、胖东来商贸集团的于东来等。

这些企业家代表了各行业企业家的顶尖水平，他们在面对复杂的市场竞争、行业周期性波动、转型困境以及各类不确定性时，展现出非凡的能力。他们凭借创新思维、坚韧不拔的毅力和强烈的责任感，带领企业突破重重困境，使企业实现持续增长。

他们在精神和能力方面存在诸多共性，具体如下。

1. 创新精神

从创业实践的角度看，优秀企业家的创新精神主要体现为敢于突破和持续创新。

（1）**敢于突破**：优秀企业家不满足于现状，敢于打破传统思维模式和行业边界。例如，山东魏桥创业集团的张波敢进入棉纺织和铝这两个看似毫无关联且竞争激烈的传统制造业"红海"，他紧跟趋势，深耕产业链，贯通上下游，引入智能化技术，研发新材料，积极探寻企业全新增长点，使企业的产能和技术常年处于世界前列。

（2）**持续创新**：优秀企业家不断探索新技术、新产品和新商业模式，致力于推动企业和行业进步。例如，王来春在过去20余年间，带领立讯精密撕掉"代工"标签，攻克多个前沿技术难题，推动产业升级，使立讯精密从一家小型制造工厂发展成为全球精密制造业的领军者。近些年，她紧抓人工智能发展机遇，提前布局前瞻性产业，这为企业的长远发展奠定了坚实基础。

2. 坚定的意志

创业的过程漫长且艰难，创业项目能否走到最后，企业家的意志十分关键。

（1）**面对挑战不退缩**：面对行业竞争和全球经济的不确定性，优秀企业家展现出强大的抗压能力和韧性。例如，在动力电池"价格战"中，曾毓群带领宁德时代加速开拓海外市场，号召员工重拾奋斗精神。

（2）**长期主义**：优秀企业家注重企业的可持续发展，而非短期利益。例如，王祥明追求持续盈利性的增长，带领创立80余年的华润集团稳健向前，并进行第四次转型。

3. 终身学习

社会处于不断变化之中，企业家也需具备终身学习意识，以适应社会进步的步伐。

（1）**不断学习**：优秀企业家始终保持学习的心态，紧跟时代变化。例如，牧原股份的秦英林扎根养猪行业30余年，企业的养猪规模稳居全球第一。秦英林认为，养猪行业虽然很传统，但使用的技术却很先进。正是通过不断的学习，秦英林将养猪这一传统行主业做到了极致。

（2）**适应变化**：优秀企业家能够快速适应新技术、新市场和新环境，并从中找到新的增长点。例如，通威集团的刘汉元在面对光伏行业周期性波动时，沉着冷静、从容应对，带领企业积极寻找新的增长点，最终，成功获得沙特阿拉伯客户的GW级订单，实现了企业的逆周期扩张。

4. 承担社会责任

企业在追求经济效益的同时，还需承担相关责任，因此企业家需具备责任意识。

（1）**推动行业进步：**优秀企业家不仅追求企业利润，还致力于推动整个行业的发展。例如，王传福坚持混插、纯电"两条腿走路"战略，用五代双模技术对传统燃油汽车进行改进，改写了全球汽车油耗史，带领比亚迪成为全球首家达成1000万辆累计销量的新能源汽车企业。

（2）**关注社会效益：**优秀企业家注重环境保护和社会福祉。例如，方洪波领导美的集团大力推进可持续发展战略，从绿色产品研发到生产过程的节能减排，全方位践行社会责任。

5. 战略眼光和布局能力

企业家的战略眼光和布局能力决定着企业未来发展的高度，是企业的风向标。

（1）**拥有战略眼光：**优秀企业家能精准预判行业未来走向，提前谋篇布局，在时代浪潮中抢占先机。例如，李彦宏在人工智能大模型尚未爆发时，就果断推动百度提前换挡、转换引擎，使百度在人工智能赛道上处于优势地位，赢得了全新的发展契机。

（2）**拥有布局能力：**优秀企业家具备在全球范围内整合资源、拓展业务并推动战略落地的能力，能够通过前瞻性布局抢占市场先机。例如，杨元庆带领联想集团在全球范围内进行业务拓展，并在新兴的物联网、大数据、人工智能等领域进行了积极的前瞻性布局。

6.3.2　创业者需具备的能力

创业不仅是对市场机遇的追逐，更是对创业者自身素质与能力的综合考验。创业机会是客观存在的，但能否被创业者发现与利用，与创业者自身素质与能力息息相关。对于大学生而言，当外部环境不能提供充足机会时，其自身的素质与能力便成为发现创业机会、实现成功创业的基础和保障。成功的创业者需要具备以下能力。

（1）**商业洞察力：**创业者需要具备敏锐的商业洞察力，对行业趋势、用户需求、竞争对手等方面有深刻理解，能够发现潜在的创业机会，并迅速做出反应。

（2）**战略规划能力：**创业者需要具备较强的战略规划能力，能够为企业制定清晰的发展目标和路径。战略规划不仅包括短期目标的设定，还涉及长期愿景的构建。

（3）**执行力：**再好的战略也需要通过执行来实现，创业者需要具备强大的执行力，能够将战略转化为具体的行动计划，并推动团队高效执行。

（4）**沟通与协调能力：**创业过程中，创业者需要与投资者、合作伙伴、团队成员等多方进行沟通与协调。良好的沟通与协调能力有助于建立信任，解决冲突，推动合作。

（5）**学习与适应能力：**市场环境瞬息万变，创业者需要具备快速学习与适应变化的能力。只有不断学习新知识、新技能，才能在激烈的竞争中保持优势。

能力提升训练

你认为自己适合创业吗？不妨先做一次创业资质与能力测评，通过测评看看自己是否具备创业的前提条件，并进行查漏补缺，以及时规划自己的创业之路。

完成测评后，填写表6-3，盘点自己的意识、素质和能力，找出自己与优秀创业者之间的差距，并制定相应的提升措施。

扫一扫

创业资质与
能力测评

表6-3　个人意识、素质和能力盘点

创业者的意识、素质和能力		已具备	需完善	提升措施
创业意识	创业动机			
	风险意识			
	责任观念			
综合素质	专业技术知识			
	经济、法律与政策知识			
	经营管理知识			
	创新思维			
	眼界和悟性			
应用能力	学习能力			
	实践能力			
	管理能力			
	协作能力			
	服务能力			

6.3.3　大学生创业能力培养

大学生作为未来的创业主力军，其创业能力的培养至关重要。为了给未来的创业活动打下坚实的基础，大学生可从以下几个方面培养自己的创业能力。

1. 接受创新创业教育

高校正大力加强创新创业方面的教育，开设了一系列相关课程。大学生应积极参与其中，在课堂上培养自身的创新思维和创业意识。大学生需要认真学习课程里的案例，通过模拟创业等活动，深入了解创业的全部流程，为未来创业储备知识。

2. 积极参与实践

理论固然重要，但实践也很关键。大学生应留意学校通过创业孵化器、创业大赛等形式提供的实践机会，并积极参与相关实践，在真实的创业环境中不断锻炼自身的能力，将所学理论与实践相结合。

3. 借鉴他人智慧

与导师等经验丰富的人士深入交流，认真倾听他们分享的创业经验和教训，借鉴其中的宝贵智慧。这样，大学生在自己的创业道路上便能少走弯路，加速成长。

4. 学会团队合作

大学生应积极参与各种团队项目和活动，学会与不同性格、专业背景的人交往、合作，在团队中明确自身定位，发挥自己的优势，同时尊重他人的意见和想法，以增强团队凝聚力和协作能力。

5. 增强心理素质

创业过程中难免会遇到挫折和失败，大学生应该具备良好的心理素质。大学生可以充分利用学校提供的资源，如压力管理课程等，努力提升自己的心理韧性，以更坚强的心态面对创业中的压力和挑战。

本章实训

本章实训将引导大学生发现并评估创业机会、挖掘创业资源，以掌握相应的技能。通过本次实训，大学生可以进一步了解如何敏锐地洞察市场机会以及获取资源。

1. 搜集资料，提出创业设想。

_____

_____

_____

_____

_____

2. 使用SWOT分析法评估创业设想，并写出创业设想与评估结果。

3. 查找资料，了解拟启动项目的技术资源现状，分析技术需求。

_____

_____

_____

4. 结合拟启动项目的技术资源现状及筹资情况，在表6-4中填写技术资源获取方案。

表6-4　技术资源获取方案

分析项目	分析结论
创业所需关键技术	

（续表）

分析项目	分析结论
关键技术描述	
自身技术资源情况	关键技术资源：□持有　　　　□未持有 其他相关技术：□持有　　　　□未持有
技术资源获取方式	□独立研发　　□吸引技术持有者加入团队　　□购买他人的成熟技术 □购买技术的同时雇用技术持有者　　□购买他人的前景型技术 □通过产学研合作获取技术　　　　□其他
针对该技术资源获取方式的分析	优势： 如何有效利用： 劣势： 如何避免或改进：

延伸阅读与思考

胖东来：以服务创新开启创业成功路

在过去的20多年里，中国零售业经历了翻天覆地的变革。从2003年沃尔玛入华掀起的外资零售潮，到2009年阿里巴巴推动的电商革命，再到2016年盒马开创的新零售模式，传统商超面临着巨大挑战。然而，在这样的大形势下，胖东来却"红得发紫"，甚至不得不通过限制客流量的方式来保障顾客的体验和员工的休息，在行业内一枝独秀。

胖东来是河南省一家知名的零售企业，从一个40平方米的小卖部发展到拥有数千名员工的商业巨头，胖东来的成功之道在于其贴心周到的服务。

1995年，负债数十万元的于东来用借来的钱租了一家小门店，开起了一家小卖部，取名望月楼胖子店，这就是胖东来的前身。当时一些商家以次充好，牟取高额利润。但于东来意识到只有货真价实、物美价廉的商品才是顾客真正需要的，只有坚持卖真货才能占领市场，于是于东来提出"用真品，换真心""比别人价格低点、态度好点"的理念，凭借独特的承诺和实实在在的商品与服务，赢得了顾客的信任，初步塑造了胖东来货真价实的市场形象。1997年，于东来正式成立了胖东来烟酒有限公司。

1999年，胖东来将量贩业态引入许昌，针对名牌服饰推出免费干洗、熨烫、缝边等超值服务项目，并在其7个连锁店同时落实"不满意就退货"的全新经营理念，由此形成完整的"用真品换真心、不满意就退货"的品牌理念。无论电器产品是否购于胖东来，如果一时难以修好或排在维修等待名单靠后的位置，为了不耽误使用，胖东来都会准备常用小家电让顾客拿回家使用；一些高端电子产品在许昌没有维修点，胖东来就代顾客去郑州维修，除厂家维修点收取的维修费用，跑路费等分文不取；在胖东来或许昌其他商店买不到的商品，胖东来原价代购，不加费用……

凭借优秀的服务和良好的口碑，胖东来的营业额直线上升，其经营领域也进一步扩大，目前胖东来已成为集购物、休闲、餐饮、娱乐于一体的大型综合超市，胖东来生活广场、胖东来服饰鞋业大楼、胖东来园林公司、胖东来家居馆、胖东来电器城、胖东来时代广场等陆续开业。胖东来的优质服务作为吸引顾客的强大武器，为胖东来赢得了顾客信赖，并在此后其发展为涉足众多领域的大型商贸集团的过程中提供了诸多助力。胖东来始终把顾客的利益与需求放在首位，最大限度地让利于顾客，给予顾客极致的消费体验。

经营至今，胖东来的商品从珠宝到医药，从手机家电到蔬菜生鲜，从电影到图书，从服饰鞋帽到餐饮小吃，所有普通老百姓的吃穿用度和娱乐需求，胖东来可一概满足，覆盖高、中、低全部细分市场，其优质服务已成为国内外服务行业学习的典范。

> **问题**
>
> 1. 大学生在资金不足、规模较小的初始创业阶段，可从于东来的创业初期经历中汲取哪些经验？
>
> 2. 胖东来是如何通过服务创新实现创业成功的？这背后的核心理念是什么？

第7章

开展你的创业实践

情景导入

215宿舍得知，学校正在征集项目入驻创业孵化园。经过严格筛选，215宿舍的项目成功入驻孵化园，获得了免费的办公设备和政策咨询等服务，还完成了公司的注册与落地，仿佛一切都在向着他们梦想的方向前进。然而，真正的挑战才刚刚开始。产品推广困难、用户资源匮乏等一个个难题如潮水般涌来，让他们应接不暇。每一个决策都需要深思熟虑，每一次尝试都伴随着风险，215宿舍深刻地体会到创业的艰辛。通过不断地尝试与学习，他们成长为更加成熟的创业者，学会了如何有效地管理团队、构建商业模式以及开展市场营销等，逐步找到了适合自己的发展路径。最终，公司获得了盈利，他们的项目也在国家级创新创业大赛中取得了优异的成绩。

本章将引导大学生深入实际的创业领域，详细介绍创业团队、商业模式、市场营销和商业计划书等的相关知识。通过本章的学习，大学生将深化对创业实践的理解和认识，切实提升自己的创业能力，从而在未来的创业实践中更加自信从容。

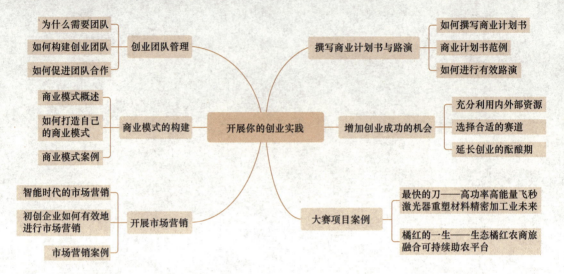

7.1　创业团队管理

创业是一场充满挑战与机遇的冒险，成功的创业往往离不开一个默契而充满活力的创业团队。创业团队不仅是一群人的集合，更是一支具备多样技能、协同默契、富有激情的力量。团队成员肩负着共同的梦想，勇敢地迎接挑战，寻找问题的解决方案。

7.1.1　为什么需要团队

在人工智能、数字经济时代，企业竞争已从个体能力的比拼演变为团队效能的较量。团队合作作为现代商业组织的核心运作模式，具有极大的优越性。

（1）**专业协同构建高效运作体系**：现代商业系统已形成高度专业化的分工网络，个体即便具备跨领域知识，也难以突破时间与精力的局限。通过整合多领域的专业人才，形成知识结构的互补效应，每个团队成员的专业技能在协同中能发挥更大的作用，这既能确保各模块的专业化运作，又能通过流程衔接提升整体效率。

（2）**多元视角提升决策质量**：多元视角能有效规避个体决策中的证实偏误和锚定效应，这种集体智慧形成的决策"护城河"已成为企业抵御不确定性的关键屏障。

（3）**群体智慧激发创新动能**：创新经济学中的组合进化理论揭示，70%的重大创新源于不同领域知识的跨界重组，而团队环境天然具备知识重组的催化剂作用。

当今时代的不确定性愈发凸显，团队合作已超越传统意义的劳动分工，演变为企业核心竞争力的载体。那些深谙团队合作的组织，正在构建面向未来的新型竞争优势，这种优势不再依赖"超级个体"，而是建立在系统化、结构化、可持续的团队效能的基础之上。

腾讯创业团队

1998年11月，马化腾和他的同学张志东共同出资注册了深圳市腾讯计算机系统有限公司（以下简称腾讯），在此之后又吸纳了3位股东：曾李青、许晨晔和陈一丹。在企业迅速壮大的过程中，要保持创始人团队的稳定合作尤其不容易，工程师出身的马化腾深知此理，在创业初期就对合作框架进行了理性布局。

为了避免权力争夺，马化腾在创立腾讯之初就和4位伙伴达成了一个明确的约定：各展所长，各管一摊。马化腾担任首席执行官，张志东担任首席技术官，曾李青担任首席运营官，许晨晔担任首席信息官，陈一丹担任首席行政官。

从股份构成上来看，他们共同出资50万元，其中马化腾出资23.75万元，占了47.5%的股份；张志东出资10万元，占20%的股份；曾李青出资6.25万元，占12.5%的股份；其他两人各出资5万元，各占10%的股份。尽管主要资金都为马化腾所出，他却自愿将所占的股份降到一半以下，即47.5%。马化腾表示："要让他们的股份总和比我多一点点，不要形成一种垄断、独裁的局面。"同时，他自己又一定要出主要的资金，占大股。"如果没有一个主心骨，股份大家平分，到时候肯定也会出问题。"这种做法既保证了团队成员的整体利益，又防止了任何形式的独裁统治，确保马化腾在关键时刻发挥主导作用。

马化腾这样总结自己的创业史："如果要创业，最好不要单枪匹马。要发挥自己所长，同时要找伙伴一起来做，这样能够弥补自己的不足。在这个过程中，尊重不同的声音，寻找共识。企业发展起来之后，更是如此。"

点评

成功的创业不仅需要个人的才华与努力，更需要创业团队的协作与互补。这是腾讯能够持续创新、不断壮大的关键所在。

7.1.2 如何构建创业团队

尽管创业团队对创业活动的持续开展意义重大，但并非所有的项目都需要构建创业团队。单独创业和团队创业各有利弊，创业者在创业时首先要评估自己是否有合伙需要。

通常来说，技术复杂度高、推广需求大、所需资源多的项目更适宜构建创业团队，此时，创业者就需要从选择合伙人、构建核心团队两方面着手构建创业团队。

1. 选择合伙人

原则上来说，创业者应该尽量选择熟悉的或有相关合作经历的合伙人，避免与合伙人在性格、习惯、目标和愿景等方面产生冲突。同时，尽量选择能力互补、志同道合、德才兼备的合伙人，能力互补可以让创业团队的功能和结构更加合理，各人在能力范围内做自己擅长的事也能让合作更有效率。

为了建立健康、清晰、稳定的合伙关系，团队成员在合伙创业之初，往往需要签订合伙协议，对合伙各方的职责、投入比例与利润分配、退出方式等做出约定，说明每个合伙人有形的资产和无形的服务、核心技术、专利、关系网等的投入，明确每个合伙人的责、权、利，包括股权、利益分配、增资、扩股、融资、人事安排等。

2. 构建核心团队

核心团队由多位团队成员组成，团队成员的能力和素质决定了核心团队在创业活动中的实际表现。因此，要想构建起一个优秀的、能胜任创业活动的核心团队，创业者必须明确核心团队中各成员的优势与特长，做好团队成员的分工。

剑桥产业培训研究部前主任梅雷迪思·贝尔宾博士及其同事们经过多年在澳大利亚和英国的研究与实践，提出了著名的贝尔宾团队角色理论。该理论认为，利用个人的行为优势构建一个和谐的团队，可以极大地提升团队和个人的绩效。

一个结构合理的核心团队应该由9种不同的角色组成，各角色负责不同的工作内容，这9种角色分属于3种不同的导向，即行动导向型角色、人际导向型角色和谋略导向型角色，如表7-1所示。

扫一扫

贝尔宾团队
角色自我
测评

这9种角色共同构成了一支对内和谐、对外有力，能稳定运转并胜任各种复杂工作的创业队伍。当然，创业者也不要拘泥于理论，并非每一种角色的数量在核心团队中都要一致，也不是一个团队成员只能担任一种角色，但一般而言，一个核心团队至少需要管理、技术和营销3方面的人才。

表7-1　核心团队的9种角色

角色导向		解释
行动导向型	鞭策者	充满干劲、精力充沛，渴望取得成就，通常表现为有进取心、性格外向、拥有强大的驱动力，在行动中遇到困难时，会积极寻找解决办法
	执行者	具有极强的自我控制力及纪律意识，偏好努力工作，并习惯于系统化地解决问题，往往将自身利益与团队利益紧密相连，较少体现个人诉求
	完成者	通常会坚持不懈地执着于细节的完美，勤恳尽责，希望将事情做到最好，因而无法容忍那些态度随意的人
人际导向型	外交家	沟通能力强，善于和人打交道，能够挖掘新的机遇、发展人际关系，从而发掘那些可以获得并利用的资源
	协调者	成熟、值得信赖并且自信，能够凝聚团队的力量，促使团队成员向共同的目标努力，拥有快速发掘他人长处的能力，能够将不同的人安排到合适的位置，从而更好地达成团队目标
	凝聚者	性格温和、观察力强，善于交际并关心他人，能够适应不同的环境，是团队中的最佳倾听者，既是团队中最受欢迎的人，也是能给予其他团队成员最大支持的人
谋略导向型	智多星	拥有极强的创造力，是团队的创新者和发明者，为团队的发展和完善出谋划策
	专家	专注于某一领域的研究者，会不断提升自己的专业技能，拓展自己的专业知识，甚至带动团队整体效率的提升
	审议员	具有较强的批判性思维能力，往往态度严肃、谨慎理智，执着于客观规律和事实，倾向于考虑周全之后做出明智的决定，是团队的"保险丝"

7.1.3　如何促进团队合作

孙子曰："上下同欲者胜。"优秀的创业团队能够在沟通过程中协同前进，产生有价值的意见和决策。相反，缺乏凝聚力的创业团队可能因多种因素瓦解，进而导致创业失败。促进团队合作的核心在于保持团队稳定与发挥团队多样性的优势，创业者应掌握以下团队管理的技巧与策略。

1. 铸就共同愿景

形成团队凝聚力的关键是铸就共同愿景。许多创业团队失败的主要原因就是目标不明确，团队成员不能形成凝聚力，当遇到艰巨困难的时候各自为战，甚至分道扬镳。例如，某创业团队的技术合伙人追求产品创新，而运营负责人紧盯短期利益，这种理念错位终将导致团队解体。这时，创业者需通过战略研讨会等形式，将企业使命转化为具体可行的阶段性目标，使每个团队成员清晰感知到个人贡献与整体愿景的关联。

2. 构建人岗匹配机制

从人力资源管理人岗匹配的原则来说，让合适的人做合适的事是科学的用人原则。对于团队成员来说，这样做可以保证每一位团队成员得到发展，充分激发团队成员的潜能，调动其工作热情，使其将个人的优势发挥得淋漓尽致；对于整个创业团队来说，扬长避短无疑是提高效率的最佳配置方式。

3. 建立双轨制管理体系

"没有规矩，不成方圆。"一个创业团队，如果没有严格的规章制度（如绩效考核制度、财务管理制度、行政管理制度等）作为运转保障，就会成为一盘散沙。创业者在创业之初就要制定严格的规章制度，把最基本的责、权、利说得明白、透彻，不要碍于情面而说得含含糊糊；同时，也需要在项目分红、股权激励等创新条款上设置弹性机制，形成"基础制度+弹性机制"的管理体系。

4. 打造决策与执行的闭环

决策机制应遵循"民主提案—集中决策—强力执行"的路径。由于完善的信息和绝对的意见一致的情况很少见，决策能力就成为一个创业团队能否成功的重要影响因素。如果创业团队内鼓励建设性的意见和不存芥蒂的冲突，创业者就能更好地做出决策。有了决策，还需要严格地执行，执行力也是一种显著的生产力。

5. 建立良性冲突文化

冲突常被认为是创业团队出现问题的信号，然而，思想没有交锋，创新就不会生长，没有形成相互质疑的氛围的组织会逐渐衰败。高绩效创业团队的特征是思想交锋但目标统一，他们善于建立一种良性的冲突文化，团队成员可以在不破坏人际关系或团队精神的情况下，表达自己的反对意见。

能力提升训练

如果有一块饼需要3个人共同分享，你是这3个人之一，你认为怎么分饼合适？如何确保分饼规则能够被所有参与者接受？为了公平合理地分配这块饼，你可以思考以下问题。

- 这块饼是如何获得的？
- 分饼的目的是什么？
- 分配的原则是什么？
- 分配方案是否满足当前需求？
- 分配方案对未来合作是否有利？

其实，创业团队权利、利益与义务的分配与分饼类似。通过贝尔宾团队角色自我测评，你在团队中担任的角色往往是_____，这个角色在团队中经常做出的贡献是_____，会获得的利益是_____。

在团队合作中，你的付出和收获是否成正比？如果不成正比，是怎么回事呢？你的解决方案是什么？

_____

_____

着眼于你的生涯发展，你对自己目前在团队中担任的角色是否满意？在团队中，你想要成为的角色是什么？根据你的目标，分析自己欠缺的能力并制订提升计划。

_____

_____

7.2 商业模式的构建

在当今市场中，产品或服务的同质化现象日益普遍，但仍有部分企业能够在激烈竞争中脱颖而出，获得客户的青睐，这在很多时候就是商业模式在发挥作用。其实，每家正常运行的企业，都有具体的商业模式做支撑。因此，对于创业者而言，理解并设计一个有竞争力的商业模式至关重要。

7.2.1 商业模式概述

商业模式是在一定的动态环境中，企业为实现价值最大化，将能使自身运行的内外各要素整合起来，形成一个完整、高效率、具有独特核心竞争力的运行系统，并通过最优实现形式满足客户需求、实现客户价值，同时使该系统达成持续赢利目标的整体解决方案，它包含企业的一系列特定的管理理念、方式和方法。

一个好的商业模式最终能够成为得到资本和市场认同的独特企业价值。企业必须选择一个适合自己的、有效的商业模式，把各种有形和无形的资源都整合起来，并且随着客观情况的变化不断对其加以创新，这样才能获得持续的竞争优势。

由于实用性强且操作便捷，亚历山大·奥斯特瓦德与伊夫·皮尼厄共同提出的商业模式理论受到创业者的推崇。他们认为，商业模式包含九大要素：客户细分、价值主张、渠道通路、客户关系、收入来源、核心资源、关键业务、重要伙伴、成本结构。我们可以进一步将这9个要素分为4个部分，如图7-1所示。这9个要素相互作用、相互关联，共同组成了商业模式的整体结构，形成了一个良性的循环，建立了一个从战略到行动的内在逻辑。

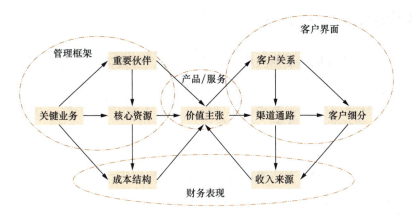

图7-1　商业模式各要素的关系

鹿客科技在智能门锁细分领域的深耕

智能门锁作为智能家居生态系统中的关键一员，改变了人们进出家门的方式，极大地提升了家庭安全性和人们生活的便利性。如今，智能门锁的价格已调整至客户可接受的水平，智能门锁成为越来越多家庭的选择。鹿客科技是智能门锁领域的佼佼者，已获得联想之星、险峰、百度、小米、顺为等多家企业的青睐，其产品远销50多个国家和地区。

找准了细分市场，鹿客科技的发展可谓顺风顺水。

2014年，陈彬创办云丁科技（后更名为鹿客科技），考虑到当时主要的竞争对手都是做To C市场，直接为客户提供产品或服务，而自己的团队是技术人员出身，并不擅长To C市场的营销，也没有固定的渠道，鹿客科技便以To B市场起家，专注于为企业提供服务。

创业初期，鹿客科技将目光瞄准了租住行业。2015年，鹿客科技在智能门锁的细分场景中，选择了从长租公寓这个方向切入，推出业内首个集"智能门锁+水电表+门禁+SaaS（Software as a Service，软件即服务）系统"软硬件于一体的租住场景解决方案，与九成以上品牌公寓达成合作，迅速以75%的市场占有率稳居市场第一。2017年，鹿客科技加入了小米生态链，获得小米的投资，在To C市场做出了年销量超30万台的"爆款"产品。

2021年年底，鹿客科技主动进军高端门锁市场，在指静脉识别技术领域取得重大突破，率先克服了指静脉识别模块体积大、功耗高等行业技术难题。作为指静脉锁的先行者，鹿客科技在该细分领域确实实现了引领。2022年"双十一"购物节，其指静脉系列智能门锁天猫市场占有率达78%，京东市场占有率达61%，2023年鹿客科技营收超10亿元。

2024年，鹿客科技成长速度极快，一年走了过去3～5年的路。陈彬说："门锁是一个好品类，是一个具有百亿元收入规模的单品。"面向未来10年，陈彬相信，鹿客科技不是一家五金或者门锁企业，而是一家"AI+机器人"驱动的科技企业，鹿客科技将不断在居住安全这个领域深耕。

点评

鹿客科技通过深度挖掘行业状况和自身优势，精准把握To B的长租公寓细分市场，构建了适合自己的商业模式，又持续创新产品与服务，这为众多企业提供了宝贵的借鉴。

7.2.2　如何打造自己的商业模式

在市场中，已经存在很多成熟且稳定的商业模式，但大企业有先发优势，仅仅复制其商业模式难以与之竞争；另外，商业模式也需要必要的条件支撑，照搬他人商业模式难免"水土不服"。因此，创业者需要根据自身企业条件和对市场的认识，设计出符合自身企业实际情况的独具特色的商业模式。

1.　建立商业模式设计团队

在设计商业模式时，创业者应避免闭门造车，要集思广益，参考不同人群的意见。因此，创业者需建立一个商业模式设计团队。商业模式设计团队应该包括3类人：一是创业者等团队成员，这部分人是创业的主力军，对自身企业的条件和拥有的资源最为了解，能做好商业模式设计的决策工作；二是行业专家或经验丰富的从业者，这类人对行业更加了解，能提供很多重要的行业信息；三是意向客户，这类人能基于自身需求对商业模式做出直觉判断，为商业模式设计提供重要参考意见。

2.　分析内外部环境

商业模式的实施受限于各种内外部环境，因此认识内外部环境是设计商业模式的重要根基。其中，内部环境是指创业团队拥有的技能、知识、资源等，外部环境则是指政策、市场、社会氛围等。在进行内外部环境分析时，创业者可以采用SWOT分析法。

3.　发散创意

商业模式涵盖企业运营的整个过程，创业者可以根据商业模式的9个要素对商业模式进行大胆创意和假设，还可根据企业自身优势选择商业模式的设计起点和中间路径，以某一要素为起点，构建企业价值链。例如，企业有客户资源，就可以将客户细分作为设计起点构建企业价值链；企业有多种接触客户的渠道，则可以以渠道通路作为设计起点。若以价值主张（价值主张可以体现为低成本、高品质、购买便捷、响应快、服务好、功能强大等）为设计起点，也可以构建多种不同的企业价值链。

4.　聚焦一种最佳创意

在创意发散阶段，创业团队会产生大量的创意，但企业最终只需要一种最合适的商业模式，为此团队成员需要择优选取创意。最终构建出的商业模式应符合以下原则。

（1）**满足客户需求原则**：商业模式理应满足客户需求，团队成员可通过客户验证选择最能满足客户需求的商业模式。

（2）**核心竞争力原则**：利用SWOT分析法分析商业模式的核心竞争力，了解别人能否轻易复制自己的商业模式。

（3）**价值最大化原则**：设计商业模式是为了最大限度地实现企业价值，团队成员需要对利润和成本进行简单的评估。

（4）**可复制性原则**：商业模式的逻辑应清晰，即自己的商业模式能够被自己复制。

5.　制作商业模式画布

商业模式画布是商业模式九大要素的可视化呈现，有助于激发创意、减少猜测并合理解决问题。通过商业模式画布，创业者能看出商业模式各要素之间的作用与关系，以完善商业模式。

商业模式画布由9个格子组成，每个格子都有多种可能和替代的方案，创业者需要找到其中的最优方案。创业者可以将商业模式画布打印出来或在白板上画出，和团队成员一起讨论。商业模式画布如图7-2所示。

图7-2　商业模式画布

在设计好商业模式后，创业者还需获得各利益相关者的反馈，以验证其是否合理、可行。商业模式验证的步骤如图7-3所示。该验证步骤可以一直进行下去，直到选出商业价值最大、最具有可行性和核心竞争力的商业模式。

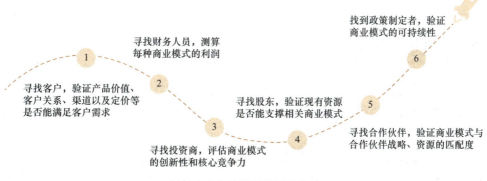

图7-3　商业模式验证的步骤

能力提升训练

香飘飘是中国奶茶经典品牌，过去奶茶店还没有大范围普及，香飘飘的成功之处就是把奶茶从液态转化为固态，这填补了市场空白，让大众能随时随地品尝到奶茶的鲜美。历经多年发展，香飘飘这一品牌已经扎根于客户的记忆中。

近年来，茶饮赛道热闹非凡，年轻客户对品牌和产品的选择也越来越多样化，市场竞争变得更为激烈，传统冲泡奶茶市场受到冲击。在此情形下，香飘飘因时而变，聚焦年轻客户群体，推出经典的兰芳园港式冻柠茶和多种口味的Meco果汁茶、珍珠牛乳茶系列产品以及即溶CC柠檬液等新品。香飘飘通过持续创新产品，不断满足客户的口味和喜好，这种持续不断的产品创新能力正是香飘飘的底气所在。

（1）使用商业模式画布（见图7-4）分析香飘飘的商业模式。

扫一扫

香飘飘的
商业模式
画布

图7-4　商业模式画布参考

（2）面对市场冲击，香飘飘将即饮赛道和营销变革作为转型的重要方向，你认为香飘飘还能从哪些方面发力？在新消费时代，经典品牌如何才能持续焕发活力呢？

_____

_____

7.2.3　商业模式案例

商业模式的不断创新和应用，是企业穿越产品生命周期的动力，更是其持续获得成功的重要因素。为了给创业者提供一些借鉴，下面将简要介绍帆书和盒马鲜生的商业模式。

1. 帆书：基于知识付费的自媒体运营模式

帆书（原名"樊登读书"）成立于2013年，是国内知识付费领域的佼佼者。它以"帮助3亿国人养成阅读习惯"为愿景，致力于通过移动互联网技术，为广大用户提供便捷、高效的知识获取途径，吸引了大量用户。

帆书的商业模式是一个集内容生产、用户参与、盈利模式和营销策略于一体的综合体系，该模式可以看作一种基于知识付费的自媒体运营模式，以用户需求为导向，通过提供高质量的知识产品和服务，实现用户价值和企业价值的双重提升。

在内容生产上，帆书以高质量的知识产品为核心。樊登本人及编辑团队精选图书，深入浅出地讲解图书内容，这种服务形式不仅节省了用户的时间，也提升了用户的阅读体验。除了图书精华讲解外，帆书还推出了多样化的知识产品，如线上课程、训练营等，这些都为用户提供了一个全面的学习平台。

在用户参与上，帆书十分注重社群文化建设和品牌塑造。为增强用户之间的联系、提升用户的忠诚度，帆书鼓励现有用户分享内容给潜在用户，并定期举办各类线上线下活动，致力于构建一个活跃且富有凝聚力的读者社群，形成独特的社群文化。

在盈利模式上，帆书采取多元化的策略。会员付费是其主要收入渠道之一。用户通过缴纳一定的费用，即可享受帆书提供的所有会员服务，包括图书解读、线上课程等。帆书也积极拓展电商销售业务，在线销售相关图书以及周边商品，拓宽了收入渠道。

在营销策略上，帆书采取线上线下相结合的方式，不断增强品牌影响力。线上利用社交媒体平台进行精准推广和互动营销，构建了一个庞大的短视频账号矩阵，涉及多个领域，以最大限度地获取流量。此外，帆书也特别注重场景化营销，根据不同主题创建相应的场景，从而更好地满足用户的需求。帆书还通过开设实体书店、举办线下活动等方式，与用户进行面对面的交流和互动，这进一步加深了用户对品牌的认知和信任。

随着全民阅读意识的不断提高以及数字技术的进一步发展，帆书有望继续增强其影响力，成为中国乃至全球知识付费领域的领军者。

思维点拨

帆书的成功在于其结合了知识付费与社群互动，注重内容质量和原创性，通过多渠道赢利和精准营销扩大影响力。创业者应关注用户需求，提供优质的产品和服务，尽可能利用数字平台构建品牌文化，实现用户价值与企业价值双提升。

2. 盒马鲜生："线上电商+线下门店"的经营模式

盒马鲜生是阿里巴巴对线下超市进行重构形成的新零售业态，支持门店附近5千米范围内1小时送达产品。区别于传统零售，盒马鲜生基于大数据，运用移动互联、智能物联网、自动化等技术及先进设备，实现了人、货、场三者的最优匹配。从供应链、仓储到配送，盒马鲜生都有自己完整的体系，是线上线下融合的深度体现。

盒马鲜生以实体店为核心，采用"线上电商+线下门店"的经营模式。线上业务以盒马App为端口，主要提供餐饮外卖和生鲜配送服务，从门店发货，并通过电子价签等新技术，保证线上与线下同品同价；还通过门店自动化物流设备保证门店分拣效率，最终保证用户通过盒马App下单后快速收到产品。在线下，盒马鲜生在店内引入餐饮区，一方面方便用户就餐，延长用户在店内的停留时间，增强用户黏性；另一方面，餐饮的高毛利率也可改善盒马鲜生零售的盈利结构。此外，盒马鲜生还为生鲜产品配备了海鲜代加工服务，用户可以在店内享用最新鲜的美食，这提升了销售转化率。

在支付方式上，盒马鲜生只接受盒马App付款。用户到店消费时，盒马鲜生的员工会指导用户安装盒马App，并注册成为盒马鲜生的会员，再通过盒马App完成付款。这种付款方式可使盒马鲜生掌握线下消费数据，从线下向线上引流，并可通过这些数据指导生产、改进销售。

在采购端，盒马鲜生以全球直采模式打造最优供应链体系，主打原产地直采和本地直采相结合的方式，借助阿里巴巴的全球购资源，与本地企业合作，打造全球性农产品基地，团队到产地进行品控质检与采购批发，甚至部分实现与天猫统一采购等，确保供应更新鲜的产品。这种直采模式省去了中间各级经销商，不仅降低了成本、减少了产品消耗，而且也保证了产品的质量。

在仓储配送方面，盒马鲜生采用了仓店一体化的模式。仓店一体化是指仓库与门店的一体化，也就是说，仓库是门店，门店也是仓库。仓店一体化有利于降低整体配送成本。

在该模式下，以门店为仓库，拣货员直接在门店货架上拣货，然后交给配送员，实现产品的及时配送。

独特的商业模式使盒马鲜生成为新零售的代表。2022年，针对没有盒马鲜生门店的区域和城市，盒马鲜生推出了"云超送全国"服务，主要为全国用户提供只有盒马有的优质产品。2024年，盒马鲜生依旧保持高速拓店的势头，陆续在常熟、常州、南通、桐乡等一众消费力强劲的长三角城市开设新店。未来，盒马鲜生或将成为覆盖全国的新一代电商平台。

思维点拨

盒马鲜生的经营模式有诸多亮点，如找准市场定位、融合线上线下优势、利用技术创新和数据驱动实现差异化竞争、积极开拓新领域，创业者应注意借鉴。

能力提升训练

随着互联网的发展，零售行业发生巨大变革。国务院办公厅于2016年印发的《国务院办公厅关于推动实体零售创新转型的意见》（国办发〔2016〕78号）为实体零售的创新转型指明了方向，表示要拓展智能化、网络化的全渠道布局……培育线上线下融合发展的新型市场主体。在传统商超面临着巨大挑战的背景下，胖东来和盒马鲜生作为新零售业态的领先者，深受用户的喜爱。

（1）从商业模式上看，胖东来和盒马鲜生的制胜之道分别是什么？

（2）作为用户，你更倾向于去_____购物，因为_____

（3）作为创业者，你更加看好哪种商业模式？依据是什么？

7.3 开展市场营销

对创业者而言，市场营销是企业为引导产品或服务流向用户而从事的各种经营活动，反映了企业竞争力的强弱。用户是市场营销的中心，可以说，市场营销就是了解用户需求并满足用户需求的活动。用户的需求并非一成不变，且具有一定的复杂性，这便要求创业者持续学习、关注行业动态，从而及时调整市场营销策略。

7.3.1 智能时代的市场营销

市场营销作为商业活动的重要引擎，始终随着时代浪潮持续进化。在人工智能重塑商业生态的今天，创业者既需要理解STP理论、4P理论等经典理论，掌握市场运作的本质规律，又需要利用智能时代的创新工具为传统营销模式赋能。

1. 现代市场营销的两个板块

现代市场营销主要可以分为两个板块，分别为营销战略和营销策略。这两个板块之间具有逻辑承接关系，营销战略涉及识别目标用户、确立营销价值主张、确定未来方向的过程，营销策略是落实营销战略的具体行动。

（1）营销战略

营销战略与竞争、发展、融资、技术开发等战略的基本属性是相同的，都是对企业整体性、长期性、基本性问题的谋划。

STP理论是企业营销战略的核心分析工具。"现代营销之父"菲利普·科特勒针对现代市场营销指出，STP理论由3个关键步骤组成，分别是市场细分（Segmentation）、目标市场选择（Targeting）和市场定位（Positioning）。

● **市场细分：**根据用户的需求、动机、购买行为等特征，将用户分为若干不同的群体，并勾勒出细分市场的轮廓。

● **目标市场选择：**经过市场细分后，企业根据自身资源、竞争状况和市场潜力等因素，选择进入一个或多个细分市场。

● **市场定位：**在确定了目标市场后，企业通过设计独特的产品、服务、品牌形象等，在目标市场中建立与竞争对手不同的竞争优势。

营销战略回答的是企业的目标用户是谁、企业的价值主张如何设计的问题。确立了营销战略之后，企业需要将营销战略转换为可执行的营销策略。

（2）营销策略

营销策略也被称为营销组合，即企业可以控制的一系列营销工具。杰罗姆·麦卡锡将复杂的营销工具概括为4P理论，4P即产品（Product）、价格（Price）、渠道（Place）和促销（Promotion）4个要素。

● **产品策略：**产品涵盖设计、功能、品质、包装等各个方面，是市场营销的核心。企业需要深入了解用户需求和市场趋势，研发出符合用户需求和市场趋势的产品。

● **价格策略：**价格决定了产品的市场定位和用户的购买成本，合理的价格能够平衡企业的利润和用户的购买意愿。企业需要综合考虑产品的成本、市场需求、竞争状况等因素，制定具有竞争力的价格策略。

● **渠道策略：**渠道是连接企业和用户的桥梁，涉及产品从生产到销售的全过程，包括分销渠道、销售渠道和物流渠道等。通过选择合适的渠道，企业可以将产品有效地传递给用户，并实现销售目标。

● **促销策略：**促销是企业通过一定的手段刺激用户产生购买行为的活动。促销的目的在于提高产品的知名度和美誉度，吸引用户的注意力，促进销量的增长。企业需要根据市场情况和产品特点，制定有效的促销策略，改善市场营销的效果。

4P理论很好地从操作的层面总结了企业在市场营销中的主要活动，当企业制定上述策略时，其实就是在进行市场营销。

案例分析

百岁山的差异化品牌策略

在竞争激烈的饮用水市场，百岁山作为后来者能够脱颖而出，差异化品牌策略无疑是其成功的关键。百岁山的差异化品牌策略不仅体现在品类的选择上，还体现在价格带的补白上。

在选品上，百岁山稳稳立住了"水中贵族"的品牌形象。在市面上多为纯净水和天然水的时期，百岁山就瞄准了鲜有人关注的天然矿泉水赛道。天然矿泉水是超越一级水源的特级水源，属于国家矿产资源，开采需获得国家批准的采矿许可证。

在产品定价上，百岁山也避免了在市场中与其他竞争对手正面对抗，选择另辟蹊径抢夺用户资源。市面上饮用水的价格一般在2元左右，而百岁山却集中在3元的价格带发力，这既有效拦截了其他品牌的涨价空间，又通过包装、广告效应等让用户产生"身份、品位和文化"的认同感，降低了用户对价格的敏感度。

点评

百岁山在选品、定价等方面着力，将"水中贵族"的品牌形象深深植入用户内心，提升了用户对品牌的认知度和忠诚度。除此之外，创业者也可以关注品牌故事的构建和传播，通过多种渠道与目标受众建立情感连接，使其形成强烈的品牌认同感。

2. AI影响下的市场营销

STP理论与4P理论作为现代市场营销的核心方法论，为企业提供了清晰的战略路径与执行框架，但在数据爆炸、用户行为碎片化的智能时代，其决策、执行的效率与精准度正面临巨大挑战。

如今，AI已深度嵌入营销全链条，将营销战略决策与营销策略执行推向动态化、实时化的新维度，驱动行业从经验驱动向数据智能驱动转型，AI正以前所未有的方式重构着营销生态。

（1）**在营销战略决策层面：** AI彻底改变了传统依赖抽样调查和经验判断的决策模式。通过自然语言处理和深度学习技术，系统能够实时处理用户在电商平台、社交媒体等触点产生的全维度数据，将搜索点击、浏览时长、评论等碎片信息转化为精准的用户画像。基于机器学习算法构建的预测模型，企业不仅能洞察当前消费趋势，更能预判未来12～18个月的需求演变，实现供应链优化、产品研发与营销策划的精准协同。

（2）**在营销策略执行层面：** AI突破内容生产瓶颈，推动营销全面进入"千人千面"的个性化时代。系统通过分析用户行为轨迹，可自动生成契合用户需求的内容，将产品价值植入具体生活场景。更关键的是，AI重构了人、货、场的连接方式，文心一言、豆包等智能助手正在成为新型消费入口，通过预判需求、筛选产品、优化决策，重塑用户购买路径。

未来的市场营销竞争将聚焦于AI生态体系建设。随着AI渗透率的提升，企业竞争的重点将转向算法推荐权重和场景嵌入能力，企业需构建实时数据中枢，打通产品研发、营销触达、服务交互的全链路智能闭环。率先完成数智化转型的企业将赢得战略主动权，而那些固守传统模式、缺乏数据洞察能力的企业，可能在AI主导的市场营销生态中逐渐被边缘化。

7.3.2　初创企业如何有效地进行市场营销

市场营销对于初创企业来说至关重要，它不仅可以帮助企业建立品牌知名度，还能吸引潜在用户，从而推动业务的增长。在资源有限的情况下，如何有效地进行市场营销是每个初创企业都需要面对的挑战。

1. 明确目标市场

"知己知彼，百战不殆。"对于初创企业来说，了解潜在用户及其需求是开展一切营销活动的基础。创业者必须精准掌握自己的产品或服务究竟能以何种方式满足目标用户的实际需求，并据此明确目标市场。只有明确目标市场，营销活动才能有的放矢，精准触达潜在用户。

要实现这一目标，充分的市场调研和分析不可或缺。初创企业需全神贯注倾听来自市场、用户以及竞争者的关键信息，及时捕捉市场动态，精准把握市场机会，从而在正确的时间做出明智决策。

2. 构建低成本高转化的营销组合

在正式开展营销活动之前，先进行小规模测试是一种行之有效的策略。通过测试了解用户的喜好和反馈，根据这些信息灵活调整营销策略，从而实现利润的最大化。值得注意的是，对于资源本就有限的初创企业来说，低成本高转化是关键理念。在构建营销组合时，应挑选那些投入产出比高的营销渠道和方式，如社交媒体营销、内容营销等，避免盲目投入大量资源。

3. 做好营销实施

营销实施是将精心制定的营销策略和计划转化为具体行动，并确保行动顺利完成以实现营销目标的过程。这一过程充满挑战，艰巨且复杂，企业在将营销策略和计划落地为实际操作时，往往会遇到各种各样的问题。

实际上，营销实施主要解决的是"由谁、在何时、何地、如何做"的问题。成功的营销实施依赖于企业将组织结构、决策和薪酬系统、员工以及企业文化等关键要素有机融合，形成强大的凝聚力，以共同支持营销策略的有效执行。这意味着企业内部各部门之间需要密切协作、高效沟通，确保每个环节都能顺畅运转，为实现共同的营销目标而努力。

4. 做好营销控制

营销控制是确保营销活动按照预定轨道进行的重要保障。它主要包括两个方面：一方面，要对营销活动本身进行管控，确保每一个营销环节都符合既定的营销策略和计划；另一方面，在营销策略和计划的执行过程中，要密切关注营销活动的结果，及时发现并纠正偏离营销策略和计划的行为，有效调节部门间的不协调和不平衡现象，以最终实现预定的营销目标。

能力提升训练

近年来，中国快消品（如个人护理用品、食品饮料等）市场涌入大量新生势力品牌。这些品牌凭借资本和流量红利迅速崛起，从成熟品牌手中抢夺市场份额。然而，随着流量增速放缓、成本上升，"烧钱"模式难以持续，许多品牌纷纷开始走下坡路。

（1）流量对品牌建设有何影响？你如何看待流量在现代商业中的作用？

（2）你能列举一些依靠流量营销而兴起的"网红"品牌吗？它们的发展趋势如何？

（3）深入分析这些"网红"品牌的发展轨迹。除了流量，你认为品牌营销"破圈"的关键是什么？品牌需要如何做，才能在"破圈"后实现长期发展？

7.3.3　市场营销案例

过去，企业庞大的规模和丰富的资源是竞争力的象征，而今，企业维持市场地位依赖的是灵活创新、快速响应和个性化定制的能力。在市场营销方面，拥抱AI的企业越来越多，涌现出了诸多标杆性的市场营销案例。

1.　海信的体育营销

海信是我国大型电子信息产业集团公司，主要从事电视、空调、冰箱、智能家居等多元化产品的生产和销售。近年来，海信与各类全球顶级赛事合作，深度布局体育营销，不断提升知名度、建设自主品牌，已连续多年入选"中国全球化品牌10强"。

海信的体育营销并非一朝一夕，其体育营销之路始于2008年对澳大利亚网球公开赛的赞助。当时中国网球运动员李娜取得历史性突破，为海信的体育营销提供了宝贵的契机。尽管赞助费用对于刚开始推进国际化的海信来说是一笔不小的投入，但这一举措极大地增强了海外团队的信心，也展示了海信坚定走自主品牌全球化道路的决心。

2014年，海信逐步进入美洲市场，尤其是美国市场。面对美国用户对品牌的挑剔，海信选择赞助纳斯卡房车赛3年，成功打入沃尔玛、Costco等主流销售渠道。在对澳大利亚网球公开赛赞助数年及进入美国市场后，2016年，海信拿下法国欧洲杯的赞助权，很多海信原来进不去的赛事，都主动向海信发出了邀请。海信又先后赞助了2018年俄罗斯世界杯、2020年英国欧洲杯、2022年卡塔尔世界杯，以及2024年德国欧洲杯。通过体育营销，海信成功地推动了品牌建设，在自主品牌全球化的道路上越走越远，将品牌与激情、挑战和卓越等体育精神紧密相连，赢得了全球用户的广泛认可。

2024年10月30日，海信宣布成为2025国际足联俱乐部世界杯（以下简称世俱杯）的全球官方合作伙伴，将通过技术合作的形式赞助并深入参与世俱杯。此举不仅标志着海信在体育营销领域的又一次重大突破，更展示了其利用科技力量拓宽体育营销边界的雄心壮志。

海信在发布会上强调，将以其最新的AI电视技术提升观众的观看体验。例如，海信"体育智能体"不仅能实时解答关于赛事规则、赛程赛制、参赛队伍和历史背景等多方面的问题，还能提供观赛指导、实时数据分析等深度内容，让用户不仅能更沉浸地观看赛事，更能深入理解赛事背后的文化与历史。这样的体验不仅提升了用户对赛事的期待，也提升了海信在智能家电领域的市场地位。

思维点拨

海信通过与顶尖体育赛事合作，不断加速品牌的全球化进程，为品牌赋予了更多的活力和影响力，同时也吸引了无数的体育迷关注并购买海信的产品。这种品牌联动既能满足用户的购买需求，也能创造更多的市场机会。

2. 洋河的航天营销

20世纪70年代，洋河凭借出色的品质获得了人们的喜爱，其象征着人类飞天梦想的敦煌飞天商标也因此深入人心。彼时，飞天梦想的种子已经萌芽。进入新时代，作为中国航天事业战略合作伙伴，洋河继续书写飞天奇缘。

2019年，洋河与中国航天基金会携手，正式成为中国航天事业战略合作伙伴。多年以来，洋河在品牌营销上将航天梦和洋河梦高度关联，把航天人不断探索的精神与洋河人不断追求品质的精神紧密联系起来。

2022年，洋河与百度合作，借助新潮的数字藏品营销模式，借势于2022年的4次航天大事件——问天实验舱发射、梦天实验舱发射、天舟五号货运飞船发射、神舟十五号载人飞船发射，把中国人的航天梦想、洋河的梦想和时代梦想紧紧相连，提升了用户对品牌的关注度与好感度。

2024年12月，在百度最高级别的年度商业营销赛事"百度AI营销创想季"上，洋河·梦之蓝M6+与百度营销合作的项目"逐梦苍穹"获得金奖，这个项目是生成式AI重构营销后的一次全新探索。

（1）创意策略

● 抓住用户对当下最热门、最前沿技术的尝鲜心理，用有个性、可以实时提供情绪价值的航天垂类智能体（区别于以往只能够进行问答的生成式对话智能体），解决审美疲劳的问题。

● 用航天垂类智能体的记忆、理解能力，引导用户主动发问，展开双向、多轮的互动，让用户与洋河产生更长周期、更深度的互动，来加深对用户心智的渗透。

● 将航天垂类智能体与元宇宙等新型互动形式联动，让用户在各个场景下都想要与航天垂类智能体持续地展开对话，并且在社交媒体平台上自发分享，实现"破圈"。

（2）运用百度AI生成解决方案

● 航天垂类智能体不仅具备回答专业问题的能力，更是带有洋河飞天情怀、敢于面对未知的品牌数字生命。

● 航天垂类智能体除了对话，还能在不同场景下通过多样化的互动形式激发用户兴趣，如用AI视频讲述洋河对未来宇宙的畅想，引导用户提问，并用AIGC（Artificial Intelligence Generated Content，人工智能生成内容）技术生成图片，实现社交媒体的个性化传播。

● 伴随神舟十九号发射、神舟十八号的返航展开矩阵传播，让能够进行趣味互动的航天垂类智能体持续触达用户。

此次营销的总曝光量达到17.05亿次，其中H5互动页面获得8300万次曝光，约2519万人次观看了相关直播活动，元宇宙深度体验吸引了约55万人参与。

洋河与时俱进，运用 AI 重构航天营销，让品牌与用户之间建立了更紧密的联系，同时巩固了其作为中国航天事业战略合作伙伴的品牌形象，注入了更多的科技元素与家国情怀，能持续放大品牌声量。

7.4 撰写商业计划书与路演

商业市场竞争激烈，变化万千。为了提高创业成功率，任何一个创业者或创业团队在将项目正式投入市场前都必须做好详细、科学、可行的商业计划。商业计划往往通过商业计划书体现，撰写商业计划书是创业者表达自己的创业规划的重要手段。同时，创业者要以商业计划书为依据，做好路演。

7.4.1 如何撰写商业计划书

商业计划不仅是创业者对自己创业项目的全面思考和规划，更是向投资者等外部利益相关者展示项目价值、吸引资源和支持的重要工具。因此，对于创业者而言，撰写一份优秀的商业计划书至关重要，而掌握其基本结构和编写要求是达成这一目标的重要前提。

1. 商业计划书的基本结构

一份完整的商业计划书应包括封面、目录、计划摘要、正文和附录五大部分，各板块又包含不同的内容。

（1）**封面**：封面是商业计划书的第一页，也是投资者等最先看到的页面。一般来说，商业计划书的封面设计要给人以美感，也要对商业计划书的基本信息进行展示，这些信息包括项目名称、团队成员构成、主要联系方式等。

（2）**目录**：目录一方面可以方便读者快速定位和翻阅自己想了解的内容，另一方面可以系统地展示整份商业计划书的内容和结构。

（3）**计划摘要**：计划摘要往往写在正文之前。计划摘要应涵盖商业计划的精华和要点，要一目了然，以便投资者能在最短的时间内评审创业计划并做出判断。

（4）**正文**：正文是商业计划书的主体部分，也是具体描述项目规划的部分。商业计划书中关于企业、产品、创业团队、竞争、营销、财务、风险等的描述，都是在正文中体现的，因此正文部分是创业者花费精力最多的部分。

（5）**附录**：如果创业者在撰写商业计划书的过程中做过相关调查、收集了相关数据、进行了评估等，并在商业计划书中引用了相关内容，就可以将这些信息作为附录置于商业计划书的末尾，作为商业计划书中相关结论的数据凭证，方便读者查看。

2. 商业计划书的编写要求

编写一份数据真实、计划可行的商业计划书，应遵循以下要求。

（1）**目标明确**：商业计划书应明确地体现整体目标或阶段目标。整体目标一般是基于现状对未来项目收益的一种预测；阶段目标则是商业计划各个实施阶段的主要目标，包括短期目标、中期目标与长期目标。这样可以使投资者等明确项目的发展方向和发展潜力，进而对整个项目的价值进行评估。

（2）**逻辑清晰：** 商业计划书应尽可能全面完整、充实完善，为读者展示一个可预期的企业发展蓝图，同时在不泄露商业机密的前提下提供相应的指标参数，使预估与论证相互呼应、前后一致，体现出较强的逻辑关系。

（3）**符合客观实际：** 商业计划书需要建立在充分的市场调研的基础上，力争做到各项预估符合客观实际。这样才能保证商业计划的实用性和可行性，使投资者更加信服。

（4）**体现市场导向：** 创业活动能否成功，主要取决于项目提供的产品能否满足市场需求。市场对项目提供的产品的需求越高，项目的潜力就越大，投资者的投资意愿就越强。因此，创业者在撰写商业计划书时，应重点展示商业计划的市场导向，说明创业团队是根据市场需求安排生产经营活动的，以满足市场需求为目标，可以获取较高的利润。

（5）**突出竞争优势：** 创业者撰写商业计划书的目的之一是为投资者等提供决策依据，从而顺利获取项目资源。商业计划书应尽可能地突出企业及产品的竞争优势，显示创业者创造利润的强烈愿望，并明确投资者预期可以获得的报酬。与此同时，创业者也不能只一味地强调投资的优势和机遇，还要在商业计划书中表明潜在的不足与风险。

（6）**展示团队协作：** 很多时候，投资者投资项目时不仅关注项目的价值，更看重创业团队能否将项目构思变为切实的项目成果。通常创业团队的素质越高、能力越强，投资者的投资意愿越强烈。为此，创业者还应在商业计划书中展示创业团队的成就、能力和素质，并展现整个创业团队的协作性，以提高投资者对创业团队的信任度。

7.4.2　商业计划书范例

在商业计划书中，计划摘要能够使投资者迅速把握创业项目的关键信息，正文则是对整个创业项目的全面阐述，因此，这两部分是投资者关注的焦点。下面将重点介绍商业计划书中的计划摘要与正文。

1. 计划摘要

计划摘要如同推销产品或服务的广告，其主要目的是引起读者的兴趣。创业者应对计划摘要的文字进行反复推敲，精益求精，力求使其清晰流畅而富有感染力。在计划摘要中，创业者要详细说明企业自身的独特优势及企业取得成功的市场因素，以引起读者阅读商业计划书全文的兴趣。

图7-5所示为计划摘要示例。需要注意的是，计划摘要的内容不能完全照搬他人优秀案例，因为没有哪一个模板适用于所有企业。计划摘要中，哪些内容是最重要的，哪些内容是无关紧要的，哪些内容是需要强调的，哪些内容可以一笔带过，都需要创业者根据企业的实际情况进行判断。

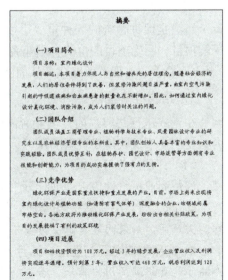

图7-5　计划摘要示例

2. 正文

计划摘要是基于正文编写的，要写好计划摘要，首先必须确保正文内容充实、逻辑清晰、数据准确且具有说服力。创业者若对自身创业项目拥有充分、成熟的规划与构想，则在撰写商业计划书正文时将更为得心应手。

扫一扫

商业计划书模板

商业计划书的正文主要包括企业描述、产品或服务介绍、创业团队介绍、竞争分析、营销策略、财务分析、风险分析与对策。正文（部分）示例如图7-6所示。

一、创业团队介绍

(一) 核心经营团队

陆××：男，28岁，毕业于××学校工商管理专业，获硕士学位，担任首席商务官。陆××拥有丰富的商务运作经验，尤其擅长市场拓展和商业合作，作为主要负责人之一成功创立了×××××××××。联系电话：136********。

黄××，女，30岁，毕业于××学校农林经济管理专业，获学士学位，任公司常务副总经理。黄××具备丰富的企业管理经验，擅长企业战略规划和组织协调，能够有效保障公司日常高效运营。联系电话：136********。

(二) 专业技术团队

李××：男，30岁，毕业于××学校植物科学与技术专业，获硕士学位，具有丰富的植物种植和养护管理经验，擅长根据不同室内环境特点选择合适的植物品种。联系电话：136********。

张××，女，29岁，毕业于××学校风景园林设计专业，获硕士学位，具有丰富的室内绿化设计研发经验，曾参与多个大型室内绿化项目的设计，擅长将美学原则与植物生长特性相结合，其室内绿化设计成果多次获奖。联系电话：136********。

(三) 生产与施工团队

秦××：男，31岁，毕业于××职业学院园林工程专业，具有丰富的园艺施工和植物移栽经验，擅长各类室内绿化工程的现场施工组织和管理，能够确保项目按时、高质量完成。联系电话：136********。

七、风险分析与对策

(一) 原材料价格波动风险

植物作为室内绿化设计的重要原材料，其价格受季节、市场供需关系等影响较大。价格的大幅上涨或质量不达标，将影响室内绿化项目的正常实施和企业的盈利。

对策：(1) 与多家植物供应商建立长期稳定的合作关系，签订长期供货协议，以锁定原材料价格，降低价格波动风险。(2) 建立原材料储备机制，在价格相对较低时适当增加库存，但要注意合理控制储备量，避免过度积压。同时，加强对库存植物的养护管理，确保其质量。(3) 持续关注植物市场价格动态和供需变化，及时调整采购策略，必要时寻找新的供应商或替代植物品种。

(二) 技术风险

随着室内绿化行业的不断发展，技术、工艺和设备也在不断更新换代。同时，竞争对手的技术水平也在逐步提升。公司可能遭遇相关技术风险，具体表现为所采用的植物种植技术、养护工艺无法满足复杂室内环境下植物的生长需求，导致植物存活率降低；设计方案在创新性和功能性上容易被竞争对手超越；配套的灌溉、照明等设备技术发展不佳，影响室内绿化效果提高；等等。

对策：(1) 建立专业的技术研发团队，持续投入研发资源，跟踪行业最新技术动态，及时对现有技术进行升级和创新。(2) 加强与高校、科研机构的合作，开展产学研项目，借助外部科研力量提升自身技术水平。(3) 积极申请技术专利等，防止核心技术外泄，延长核心技术的生命周期。(4) 建立完善的技术储备体系，提前布局新兴技术和替代技术，以应对可能出现的技术变革。

(三) 管理风险

……

(四) 市场风险

……

图7-6　正文（部分）示例

7.4.3　如何进行有效路演

路演是促进融资的一种重要手段，是创业者对创业项目的介绍，有利于投资者全方位了解项目，明确项目的价值。创业者可以从路演准备工作、路演PPT制作和路演陈述与互动3个方面着手，实现有效路演，从而获得投资者的青睐。

1. 路演准备工作

在正式进行路演之前，创业者需做一些准备工作，以提升路演的整体呈现效果和影响力，使创业项目获得投资者的认可。

（1）评估商业可行性

评估商业可行性应以商业计划书为依据，并明确以下问题。

- **问题与解决方案是否匹配：** 重点关注解决方案能否真正解决问题，目标用户愿不愿意购买产品。如果问题与解决方案不匹配，项目就得不到投资者的支持。
- **产品与市场是否匹配：** 探讨产品能否顺利进入市场并持续发展。只有与市场匹配，产品才能真正满足用户需求，否则将失去价值。
- **项目的商业模式是否有竞争优势：** 路演应当展现出项目的商业模式具有明显的竞争优势，这样投资者才能确定获益空间。

（2）分析路演受众

路演的根本目的是吸引投资者。作为路演受众，投资者也有不同的类型。创业者应当根据项目的类型、所处的阶段及投资者关注的领域，选择合适的投资者，以提升吸引投资者关注项目的概率。对路演受众的分析应当考虑以下两个方面。

● **投资者关注的领域：** 不同的投资者有不同的关注领域，当项目所在领域与投资者关注的领域匹配时，融资效率更高。创业者可以关注投资者以往的投资案例、投资领域，以及有关投资者的报道、采访等，获取投资者的相关信息，确认自己的创业项目是否符合对方的喜好。

● **企业所处的阶段：** 创业者需要根据企业目前所处的阶段选择投资者，处于种子期、初创期的企业可以选择天使基金；处于发展早期、培育期、扩张期的企业，尤其是高新技术类的小企业，可以选择风险投资基金；处于成长期的企业，则适合寻求培育基金。总之，投资者的投资规模、对企业的控制权和所要求的回报都会因企业所处阶段的不同而有所差异。

2. 路演PPT制作

在进行路演活动前，制作一份内容翔实、结构合理的路演PPT十分重要，路演PPT直接影响整个路演的效果和最终的融资成果。以下是路演PPT制作的要点。

扫一扫

路演PPT
推荐模板

（1）路演PPT制作通常遵循6-6-6法则，即每行不超过6个词语，每页不超过6行，连续6页纯文字内容之后需要一个视觉停顿（如图表）。一场5~8分钟的路演，其PPT最好不超过12页（不包括标题页和致谢页）。

（2）为了提升PPT的整体视觉效果，给路演受众带来良好的视觉体验，路演PPT还应做到：风格清晰；主色调不超过3种；多用表格、图片、形状、动画等，少用大段文字。

3. 路演陈述与互动

在路演中，陈述内容与互动环节的表现直接决定了路演的效果和质量。

（1）**逻辑清晰的陈述：** 路演陈述需要按照一定的逻辑顺序进行，首先介绍项目背景和发展历程，其次详细阐述产品的特点和优势，最后分析市场情况和商业模式。在陈述过程中，要突出项目的创新点和差异化优势，让投资者看到项目的独特价值。例如，某电商平台的创业团队在路演中清晰地阐述了其独特的供应链模式和用户运营策略，让投资者对其商业模式的可行性产生了信心。

（2）**互动环节的灵活应对：** 在路演中，投资者往往会提出一些问题以深入了解项目，团队成员需要认真倾听投资者的提问，理解其关注点，然后有针对性地回答。对于即兴问题，要保持冷静，灵活应对。例如，某医疗健康项目的创业团队在路演中遇到了关于数据安全和隐私保护的问题，团队成员迅速做出回应，详细解释了项目的安全措施和合规性，成功消除了投资者的疑虑。

7.5　增加创业成功的机会

创业之路布满荆棘，充满了不确定性。尽管上文讨论了创业团队、商业模式、市场营销以及商业计划书与路演等创业中的重要内容，但这些还远远不能囊括创业的全部要点。

一个好的创业项目必然需要经过周密的准备与全面的打磨。为了增加创业成功的机会，创业者还可以着重从以下3个关键方面着手：充分利用内外部资源、选择合适的赛道、延长创业的酝酿期。

能力提升训练

在日常生活中，我们或多或少都能接触到一些创业成功的人士。他们的成功经历往往蕴含着一些宝贵的经验和智慧，值得我们学习和借鉴。

（1）选择一位你比较熟悉且创业取得显著成就的人，简要介绍他的项目。

（2）深入挖掘他从项目筹备、启动到稳定发展的整个过程中的实际经验和策略。

7.5.1　充分利用内外部资源

在创业活动中，创业者往往需要不断地投入设备、原材料、人力、资金等各种资源，才能得到对应的产出。从这个角度看，创业的过程就是创业者尽力获取资源并对资源进行合理配置的过程。没有资源，创业者就无法创造价值和开展创业活动。

在实际创业活动中，资源的种类是十分丰富、多元的。按照资源的来源进行分类，资源可以分为内部资源和外部资源两大类。

（1）**内部资源**：创业者及创业团队在创业之初拥有的可用于创业的资源，是企业的核心资源，如自有资金、技术、物资，以及管理才能和独自发现的创业机会等。

（2）**外部资源**：外部资源范围十分广泛，一方面是行业资源，如行业专家、上下游企业、行业协会等；另一方面是社会资源，如政府政策支持、金融机构的资金支持，以及各类创业孵化器和加速器提供的场地、设备、培训等。

每一种资源都有其独特的价值，但是单靠某种资源无法创造新的价值。况且，在创业初期，创业者普遍存在资源不足、资源配置不当等问题。为此，创业者必须拥有资源整合的能力，这样才能充分利用好内外部资源。目前，资源整合的常用策略包括创造性拼凑策略和步步为营策略。

（1）**创造性拼凑策略**：创造性拼凑策略是一种应对资源困境的资源整合策略，即创业者忽视正常情况下被普遍接受的关于物资投入、惯例、定义、标准的限制，仅仅利用手头已有的资源，将其组合为新的系统，并满足创业需求。创造性拼凑策略要求创业者具备创造性思维。

（2）**步步为营策略**：在创业初期，由于项目需要不断地投入资源且难以产生利润，创业者往往会经历一段"只见支出不见收入"的时期，步步为营策略就是为了应对这种情况而产生的。步步为营策略要求创业者在需要投入资源的时间点投入尽量少的资源，其本质是通过尽量降低成本以尽快实现收支平衡。

7.5.2　选择合适的赛道

有的企业刚涉足某个行业，便能如火箭般迅速腾飞；而有的企业即便倾尽全力，收益依旧平平。出现这种差异的关键因素之一便是赛道的选择。一旦选对赛道，创业者往往能事半功倍。当今时代，科技创新日新月异，这是发展的大势，同时也对赛道的选择产生了重要的影响。创业者在赛道选择上可以关注以下几个方面。

（1）**满足新兴市场需求：**科技创新能够催生新兴市场需求。以虚拟现实和增强现实技术为例，这些技术的发展创造了全新的娱乐体验、教育场景和工业设计等方面的新兴需求。创业者如果能敏锐地捕捉到这些新兴需求，开发与之匹配的产品或服务，就能够在尚未饱和的市场中占据先机。

（2）**拥有高附加值与竞争优势：**科技创新型创业往往具有较高的附加值。由于技术的创新性，产品或服务在市场上可能具有独特性，能够吸引更多愿意为新技术买单的用户。科技创新带来的技术壁垒也使得竞争对手难以轻易模仿，从而为创业者在市场竞争中赢得优势地位。

（3）**政策与资源支持：**我国为了鼓励科技创新型创业，出台了一系列优惠政策。科技创新型创业项目往往代表着未来发展的潜力和方向，更容易吸引各类风险投资、天使投资等外部资源。

例如，在人工智能领域，随着算法的不断优化和计算能力的提升，智能客服、医疗影像诊断辅助等应用场景不断涌现，为创业者提供了无数的机会。创业者应努力顺应时代发展趋势，创办科技创新型创业企业，搭上科技发展的快车。

当然，在市场中，并非所有成功的企业皆由科技创新驱动。兴趣是最好的老师，更是一种强大的内在驱动力。投身于自己热爱的行业，创业者能够在工作里收获更多的满足感与成就感。哪怕创业初期面临资源短缺、竞争激烈等重重困难，这种积极的情绪也会成为他们持续探索的力量源泉。例如，动画电影《哪吒》系列的导演饺子毕业于医学院，但他放弃本行投身于动画事业，历经艰辛，凭借热爱与坚持打造出动画电影的票房神话。有时候，依据自身兴趣去选择合适的赛道也不失为一种明智之举。

案例分析

小丝瓜络闯出大市场

2016年，杨淑娟怀揣着"电商为媒、绿色助农"的理念返乡创业。回到家乡河南省信阳市商城县后，杨淑娟一头扎进乡村，致力于自主开发地方优质农产品，并借助网络平台，将这些特色好物推向全国各地乃至海外市场。

在挑选农产品的过程中，杨淑娟发现很多农产品都存在着同质化问题，故而缺乏市场优势。面对这一困境，杨淑娟快速转变思路，从"团队选产品"转变为"市场选产品"——市场上什么好卖，她就卖什么。

一次偶然的机会，杨淑娟留意到在商城县的乡村几乎家家户户墙壁上都挂着丝瓜络。凭借着对市场的敏锐嗅觉，她没有将其视为普通的家常物件，而是展开了全球市场调研。通过深入调研，杨淑娟惊喜地发现丝瓜络在海外市场销路极佳。说干就干，杨淑娟与一群志同道合的"90后"小伙伴，开启了种丝瓜、卖丝瓜络的创业之旅。创业初期，他们仅试种了60亩丝瓜，经过团队不懈的努力，丝瓜种植规模不断扩大。曾经不起眼的丝瓜络，不仅脱胎换骨，还成为走俏国际市场的绿色产品。

2023年，杨淑娟投资建设了面积达3000平方米的丝瓜络产品加工厂，组建了专业的设计团队和销售团队，在保留丝瓜络原生态的基础上，开发出包括清洁用品、文创用品、宠物玩具在内的60多种产品，产品远销全球50多个国家和地区。

2024年，杨淑娟团队从最初的6人发展为80多人，其经营模式从单一的产品销售升级为"互联网＋合作社＋农户"的联农带农模式。农民和市场紧紧连在一起，从地头到海外市场，丝瓜络的价值提升了数十倍，丝瓜络的电商销售额已经达到3700万元。截至2024年，杨淑娟的企业已在商城县12个乡镇48个村共建立7000亩丝瓜种植基地，带动超过1000人在当地直接就业，每人每年可增收5000元以上，为当地群众开辟出了一条高质量、可持续、因地制宜发展的致富新路子。

点评

杨淑娟的成功，在于她选择了海外赛道，在普通的丝瓜络中看到了非凡的市场潜力；更在于她始终坚守扎根乡村的初心，用互联网思维和电商手段给当地群众开辟了一条"线上线下双通道"的新路子。

7.5.3　延长创业的酝酿期

创业的酝酿期指的是从产生创业构想到企业正式成立的这段时期。在这段时期，创业者可以充分利用低成本的优势，为项目的成功奠定坚实基础。

（1）**经济压力减轻，从容探索方向：**与企业进入正式运营阶段相比，创业的酝酿期能极大地减轻创业者的经济压力。在这一时期，创业者不必承担员工工资的开销，无须支付办公场地的房租，更不用大规模投入资金用于设备采购和市场推广等。这使得创业者能以相对轻松的状态进入试错环节，不用时刻担心失败可能带来的巨额经济损失，从而更从容地探索创业方向，并依据实际情况灵活调整项目规划。

（2）**聚焦核心业务，深耕产品服务：**对于产品或服务的打造而言，研发、测试和优化环节需要投入大量的时间与精力。延长创业的酝酿期，创业者能够将有限的时间和资金聚焦于核心业务的研究和发展，这避免了在条件尚不成熟时，创业者过早地陷入繁杂运营带来的成本泥潭，从而能保证对核心业务有足够的投入和关注，打磨出更具竞争力的产品或服务。

（3）**充分评估风险，灵活调整策略：**在创业的酝酿期，创业者拥有更多的时间去全面评估项目的可行性和潜在风险。他们可以在这段时期大胆尝试不同的商业模式，测试多样化的营销策略，进行多种产品设计的探索，从而为项目找到最适配的发展路径。即便在尝试过程中遭遇失败，由于此时创业成本较低，造成的损失也相对较小，创业者能够迅速总结经验与教训，快速调整策略，重新开启新的尝试。

（4）**构建团队网络，储备发展资源：**创业者可以利用这段时期，用心寻找志同道合的合伙人，打造一支高效协作的团队；同时，积极与潜在的投资者、行业专家以及合伙人建立紧密联系，这些宝贵的关系将在企业后续的发展中发挥关键作用，为项目的推进提供必要的支持和资源。

正所谓"厚积而薄发"，延长创业的酝酿期就像是为项目穿上了一层坚固的铠甲，增加了成功的筹码，让创业者在充满挑战的创业之路上稳健前行，减少失败带来的损失和打击。

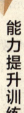

能力提升训练

（1）为了增加创业成功的机会，前文多次提到了快速验证市场等理念，这似乎与延长创业的酝酿期的理念相悖。你如何理解这两种理念之间的关系？在你看来，创业者应该如何在两者之间找到平衡点？

_____

（2）创业之路充满不确定性，失败是许多创业者可能面临的结果。你如何看待失败的创业？你认为失败的创业是否具有意义？如果有，体现在哪些方面？

_____

_____

7.6 大赛项目案例

"挑战杯"中国大学生创业计划竞赛和全国大学生电子商务"创新、创意及创业"挑战赛是考查大学生创业能力的重要竞赛。下面将讲解这两个竞赛中的部分优秀案例，通过案例的欣赏，大学生能更加明确自身应该如何创业。

7.6.1 最快的刀——高功率高能量飞秒激光器重塑材料精密加工业未来

"挑战杯"中国大学生创业计划竞赛是目前国内极具导向性、示范性的全国创业竞赛。在第十四届"挑战杯"中国大学生创业计划竞赛中，北京工业大学的项目"最快的刀——高功率高能量飞秒激光器重塑材料精密加工业未来"获得主体赛金奖。

作为第四代激光器，飞秒激光器采用了当今最先进的激光技术，将光束完全封闭在细如发丝的光纤内部传输，颠覆了传统激光器的开放式光路结构。传统的切割方法因热作用的影响往往会在材料边缘留下裂纹，使成品率大打折扣；而飞秒激光器凭借"快"的特性，在材料还没来得及"感受到"热量传导时便完成切割，切割后的材料边缘光滑平整，无热损伤残留。无论是薄如蝉翼的膜材料还是厚度达数十毫米的碳钢板，飞秒激光器均能游刃有余地应对。因此与传统的连续波激光器或长脉冲激光器相比，飞秒激光器实现了产品加工的迭代升级——精度更高、性能更稳定、环境适应性更强、损耗更低、安全性更高，同时易于实现高功率扩展输出，功率能达到数千瓦乃至数十万瓦的水平。

在航空航天叶片气膜孔加工、新能源电池极片切割等关键领域，我国此前长期依赖进口激光器。然而，国外对高功率、高能量的飞秒激光器实施严格管制，一旦停止供应，相关行业将面临一系列问题，这严重制约着我国产业的自主发展。

面对这一"卡脖子"难题，北京工业大学的项目团队秉持着"得做中国自己的激光器”的坚定信念，聚焦于研发一种高性能的全光纤飞秒激光器，立志用“最快的刀”推动材料精密加工业的发展。

项目团队的核心成员均来自北京工业大学超短脉冲激光及应用研究所，他们在飞秒激光领域有深厚的理论功底和实践经验。团队成员分工明确、优势互补，具备从零开始生产激光元器件的能力。他们聚焦于激光器的不同研发环节，通过紧密协作，将一个个元器件组装成完整的激光器，实现了研发与生产的有机协同。

项目的核心成果是一款百瓦级全光纤飞秒激光器，这款激光器通过使用啁啾脉冲放大技术、自主研发的光纤和光纤核心器件以及先进的色散管理技术，实现了高平均功率（100瓦）、高单脉冲能量（300微焦）和小于300飞秒的超短脉冲输出。相比于国外Trumpf、Ekspla等企业的同类产品，这款激光器在脉宽、单脉冲能量、平均功率和重复频率调控等核心性能上，整体达到国际先进水平，打破了国外高功率激光器对我国禁运的困境。目前，该项目正在全力推进，力争在3～5年内实现产业化，引领我国飞秒激光制造向智能化、高端化迈进。

值得一提的是，项目团队的创新成果并不局限于工业领域，在医疗领域，尤其是膀胱结石和肾结石的微创手术治疗方面，也取得了技术性突破——通过导管将激光引入肾脏，可将大结石击碎成小颗粒，随后借助负压引流技术，将碎石颗粒排出体外。相较于传统手术，这种激光碎石治疗方法降低了手术造成患者脏器功能下降的风险，大大减少了术后瘢痕形成的可能性和组织愈合不良等问题。如今，该技术已在国内医院逐步应用，每年为上万名患者解决结石问题。

思维点拨　　该项目填补了我国精密加工领域的空白，打破了国外高功率激光器对我国禁运的困境，为我国相关产业摆脱外部掣肘、实现自主发展提供了坚实的技术支撑。在应用层面，该项目展现出极强的跨领域适应性，为社会带来了实实在在的福祉。

7.6.2　橘红的一生——生态橘红农商旅融合可持续助农平台

全国大学生电子商务“创新、创意及创业”挑战赛是教育部委托教育部高校电子商务类专业教学指导委员会主办的全国性在校大学生学科性竞赛，是培养大学生创新意识、创意思维、创业能力以及团队协同实战精神的重要赛事。

在第十四届全国大学生电子商务“创新、创意及创业”挑战赛的全国总决赛中，西南政法大学常规赛道项目“橘红的一生——生态橘红农商旅融合可持续助农平台”获得全国一等奖。

海南次滩村拥有悠久的橘红种植历史，所产橘红品质上乘。然而，由于缺乏有效的市场推广，外地消费者对其了解甚少，次滩村橘红产业收益不佳。

了解到这一困境后，西南政法大学的项目团队决定对其进行帮扶。西南政法大学选择橘红作为助力次滩村实现现代化建设、增加次滩村农民人均收入的突破口，开启了“橘红的一生”助农项目。

该项目主要从橘红的生产、包装和销售3方面展开。

● **生产：** 项目团队以生产生态环保的橘红为核心，进行无农药、无污染化种植，以生活垃圾以及农业垃圾进行发酵获取酵素，实现生态化、可持续循环的种植。

● **包装：** 项目团队融合橘红元素设计出极具特色的人物形象，这凸显了品牌个性，提升了品牌辨识度。针对橘红果汁新品，项目团队推出了拼图式包装设计，该包装以橘红为灵感，将精美图案拆分为4份，每瓶果汁展示1份。消费者集齐4瓶果汁即可拼出完整图案，并凭此享受优惠。此设计既提升了品牌辨识度，又激发了消费者的好奇心与收集欲，有效促进了产品销售，进一步提升了品牌知名度。

● **销售：** 为帮助当地农民拓宽销售渠道，项目团队采用电商方式，运用多个社交媒体平台宣传产品，充分发挥了社交媒体平台无时空限制的优势以及利用大数据按需推送信息的特点，让产品信息尽可能以更低成本触及更多潜在消费者。针对目标消费者的生活和消费习惯，项目团队将重庆渝北区作为团队发展、产品销售、开拓业务的基点，产品受到了重庆渝北区广大群众的喜爱。

随着项目推进，项目团队意识到橘红在宣传领域仍需深耕。面对市场上琳琅满目的同类产品，如何精准地向大众阐释次滩村橘红与化州橘红等产品的差异，成为项目团队亟待攻克的难题。为此，项目团队着重突出次滩村橘红的生态特质，大力宣扬其绿色、生态、健康、无污染的优势，并通过多元化的渠道广泛传播其独特功效，让更多人了解并爱上这一大自然的馈赠。

经过多年的布局，项目团队探索全产业链发展融合模式，实现了对次滩村橘红种植、采摘、加工、销售的全产业链把控，通过多种手段，打通了整个次滩村橘红产业的上中下游，使其有机结合、相互赋能，最终转化为经济效益，服务次滩村农民，实现助力乡村振兴、藏富于农的项目目标。

至2024年，参加本项目的次滩村农民的年收入突破5万元，全村农民的收入平均增幅达31%，本项目解决了27人的就业问题，吸引11名大学生返乡。

思维点拨　项目团队以党的二十大精神为指引，充分认识到发展乡村特色产业、拓宽农民增收致富渠道对于推进乡村振兴的意义。项目团队聚焦橘红这一土特产，用科研助力乡村特色产业发展，扎根田野，为海南次滩村乡村振兴事业贡献力量，让橘红产业成为次滩村农民增收致富的"金钥匙"。

能力提升训练

为了帮助大学生更加深刻地理解创新创业的知识，前文已介绍了一些创新创业大赛中的优秀项目案例。除此之外，还有许多其他创新创业大赛可供大学生选择，它们同样提供了展示才华和检验学习成果的平台。

（1）你还知道哪些创新创业大赛？根据你的专业背景和兴趣，通过网络等渠道搜集各种创新创业大赛的情况，然后与同学分享。

（2）参加创新创业大赛是检验学习成果的重要途径，更是大学生了解市场的重要渠道。你参加过创新创业大赛吗？如果有过参赛经历，你的项目是什么？该项目成功或失败的关键在何处？你获得了什么经验？

 本章实训

　　在国家大力推动创新创业的背景下，大学生作为极具活力和创新力的群体，拥有巨大的发展潜力。为了帮助大学生更好地理解创新创业与参加创新创业实践，本章实训将通过模拟真实创业的过程，引导大学生掌握创业团队构建、商业模式构建、开展市场营销、撰写商业计划书等方面的知识和技能。

　　1．构建创业团队，分配团队角色与职责，画出团队组织架构。

　　2．结合所选创业项目，构建商业模式，并绘制商业模式画布。

　　3．针对自己的创业项目开展市场调研，分析目标市场需求和竞争对手状况，并据此制定市场营销策略。

（1）目标市场需求：_____

_____

（2）竞争对手：_____

_____

（3）营销策略：_____

_____

4. 撰写商业计划书。

_____

_____

_____

_____

5. 制作路演PPT，准备路演演讲稿，进行路演。

_____

_____

_____

6. 根据各小组的商业计划书和路演表现，老师从项目创新性、商业可行性、团队协作能力、路演效果等方面进行打分和评价。

_____

_____

_____

延伸阅读与思考

字节跳动：以创业逃逸平庸的重力

字节跳动一直坚持创业的精神，"始终创业，逃逸平庸的重力"是字节跳动快速成长的成功经验，飞书就是在这一自下而上生长出来的企业文化下产生的创新性产品。

随着数字化转型的深入，越来越多的企业开始重视数据驱动和智能化管理的重要性，而飞书作为一款多功能生产力工具，得益于中国SaaS市场的快速增长和庞大用户基础，其ARR（Annual Recurring Revenue，年经常性收入）在较短时间内高速增长，飞书成为协同办公领域的后起之秀。

飞书诞生于字节跳动效率工程部门。随着人员、业务规模的急速扩张和对异地协作需求的增长，字节跳动各职能部门对信息的高速流转和办公效率提出了要求，企业协作与管理平台——飞书应时而生。

飞书首席执行官谢欣提到，字节跳动成立的最初几年，试用过国内外所有主流的办公工具，但没有一个可以完全满足公司的需求。当时市面上的主流办公工具存在3个主要问题：一是生产力工具缺乏变革，二是工具往往用来管控人而非激励人，三是大部分To B产品用户体验差。基于上述3个问题，字节跳动决定通过自研，把飞书打造成时代需要的企业工具。

从2016年开始自研，到2017年全面取代钉钉，飞书首先成为字节跳动内部的办公协作工具。同时，字节跳动通过投资或收购项目为飞书的发展搭桥铺路：2017年收购时间管理软件朝夕日历，投资在线协作产品石墨文档；2018年收购效率工具幕布，投资企业云盘产品坚果云；2019年，参与视频会议服务商蓝猫微会数百万美元的早期投资，正式发布针对海外市场的企业协同办公产品Lark，经过在海外市场半年的试水与打磨，Lark以"飞书"的名字向国内市场开放。字节跳动一边对外推广自研协作产品，一边通过投资进行产业链布局，借此进入此前由钉钉和企业微信主导的竞争市场。

飞书Office、飞书People和飞书项目是飞书的重要子产品。飞书Office为企业提供新一代的工作方式；飞书People打通了企业的人和事，是为企业提供先进理念的组织管理工具；飞书项目将飞书的价值进一步提升，助力企业的业务流程优化，通过专业的项目管理工具为企业创造更多价值。

2023年，以大模型进入产业落地为标志，人工智能开始向着通用人工智能方向发展，人工智能的突破预示着一个新时代的到来。同年，飞书发布了新产品——飞书智能伙伴。飞书智能伙伴集知识、记忆、主动推动业务功能于一身，能够像人一样与工作者协同工作。从此，飞书不仅是一个解决人和人协同问题的工作平台，更升级为一个助力人与人、人与人工智能协同工作的平台。

2024年，飞书针对全新的挑战，将通用的项目管理推向硬件制造的IPD（Integrated Product Development，集成产品开发）解决方案领域，正式发布了针对制造企业的"飞书项目IPD产品解决方案"，以帮助制造企业快速响应市场变化、缩短产品上市时间、减少资源浪费、提高生产力。飞书领导层对飞书有3个短期规划：一是继续加大IPD的投入，进一步打磨与迭代；二是出海，飞书已经积累了几十家海外客户，海外市场是其重点战略方向；三是在产品层面的创新，飞书未来会在人工智能以及生态开放战略上加大投入，吸引和支持开发者。放眼更长期的未来，洪涛期待飞书未来能成长为项目管理软件领域的事实性标准，而且是全球化市场的标准。

问题

1. 作为字节跳动内部的项目，飞书如何利用其资源完成自下而上的创业？作为大学生，你可以利用哪些资源来开展你的创业实践？

2. 随着人工智能的发展，飞书迅速推出了飞书智能伙伴，将人工智能深度融入协作平台。创业者应该如何保持对新兴技术的高度敏感，及时调整业务方向和提升技术水平，确保产品或服务的技术水平始终处于前沿呢？

第8章

智能时代百舸争流

情景导入

    大赛的胜利远远不是215宿舍的终点,他们怀揣着更大的梦想,计划毕业后全身心投入企业运营,将创业作为自己的毕生事业。智能时代的市场瞬息万变,竞争异常激烈,要想在这波涛汹涌的浪潮中站稳脚跟,并非易事。215宿舍开始深入研究智能时代的商业热点,思考如何将人工智能与自身的创业项目深度融合。他们分析了不同行业中人工智能的应用案例,从农业到制造,从服务到医疗等,试图从中汲取灵感,探寻新的发展机遇,力求在百舸争流的态势中驶向成功的彼岸。

本章导读

本章聚焦于智能时代下人工智能的深远影响，系统梳理了当前的商业热点，深入剖析了人工智能在各个行业的创新应用案例。通过学习本章内容，大学生能更敏锐地洞察行业发展趋势，在未来的就业或创业中找准定位，把握发展机遇。

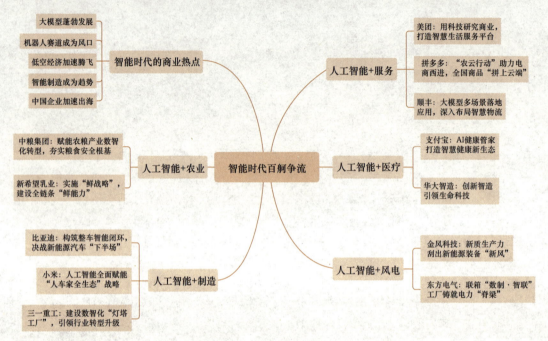

8.1 智能时代的商业热点

人工智能与产业的融合创新正不断颠覆着人们的认知和想象。随着人工智能加速与传统行业、新兴行业对接，新的商业逻辑和产业逻辑正在涌现。在智能时代，商业领域正在经历深刻的变革，新的商业热点不断出现，持续的创新与变革能力已成为企业发展的关键。

8.1.1 大模型蓬勃发展

2022年11月，OpenAI推出基于GPT-3.5的大型语言模型ChatGPT，ChatGPT在内容创作、智能问答、情感分析、机器翻译等众多领域展现出强大的文本生成、语义理解和对话交互能力，迅速成为人工智能领域的热门话题，吸引了全世界对大模型的关注。

在这样一个大的机遇下，百度、阿里巴巴、字节跳动等多家国内企业纷纷入局。随着市场不断升温，2023年6月，国内迎来了通用大模型和垂类大模型的井喷式增长，竞争态势愈发激烈，研发与应用呈现出蓬勃发展的态势，形成了丰富的产业生态。因此，2023年也被称为"中国人工智能大模型发展的元年"。

2024年，《政府工作报告》不仅3次提到"人工智能"，更首次提出了开展"人工智能+"行动。在政策、技术与市场需求的共同驱动下，大模型的应用场景日益丰富，商业化落地步伐明显加快。

2025年年初，我国大模型DeepSeek（深度求索）横空出世，成为人工智能领域备受瞩目的焦点。其首个搜索增强型语言模型DeepSeek-R1，支持联网检索、长上下文理解，在数理、代码等复杂任务中表现优异。这不仅展示了DeepSeek强大的技术实力，也为开发者和企业提供了丰富的选择，推动了人工智能的广泛应用。

根据前瞻产业研究院发布的《2024年中国AI大模型场景探索及产业应用调研报告》，人工智能大模型在金融、政务、教育等领域的渗透率均超过50%，借助生成式人工智能等能力，智能客服、智能营销、智能搜索等通用场景的应用成熟度逐渐提高。中国人工智能大模型应用市场规模2022年至2027年的复合增长率预计达到148%，到2027年，市场规模有望突破1130亿元。

8.1.2　机器人赛道成为风口

机器人是一种具有高度灵活性的自动化机器，这种机器具备一些与人或其他生物相似的智能，如感知能力、规划能力、动作能力和协同能力。随着智能时代的到来，机器人逐渐与人工智能融合，拥有更强的认知能力和自主决策能力，这使得它们不仅能完成重复、简单的任务，还能适应复杂的环境。

作为人工智能领域的一个重要分支，机器人与人工智能的融合逐渐成为研究和应用的热点。在日常生活的诸多场景中，机器人的应用已经初露端倪。人形机器人作为机器人的一种高级形态，更是将人工智能与机器人的融合发挥到了极致。人形机器人如图8-1所示，它们在外形上更加接近人类，还能通过集成先进的传感器和算法，执行更加复杂的任务，在多个领域都展现出了巨大的潜力。

图8-1　人形机器人

随着技术的不断进步和应用场景的不断拓展，人形机器人产业正迎来前所未有的发展机遇。据统计，截至2024年8月，全球已发布的人形机器人超过150款，其中，中国有超过60款，数量居全球首位。根据麦肯锡预测，到2030年，按20%的渗透率和人形机器人15万～20万元的单价来测算，全球人形机器人市场规模可达到12万亿～16万亿元。这一行业有望在市场规模上远超智能手机和汽车行业，成为新的万亿元乃至数十万亿元级别的赛道。

8.1.3　低空经济加速腾飞

和土地、海洋、能源一样，天空也是重要的资源，发展低空经济是利用这一资源的有效途径。低空经济是以各种有人驾驶和无人驾驶航空器的各类低空飞行活动为牵引，辐射带动相关领域融合发展的综合性经济形态，不仅涵盖了民用、警用和军用等多个领域，还横贯了第一、二、三产业。从产业链的角度来看，低空经济包括上游的地面基础设施和管理保障软件、中游的航空器制造以及下游的各种应用场景。低空经济应用场景如图8-2所示。

图8-2　低空经济应用场景

低空经济作为战略性新兴产业，科技含量高、创新要素集中，具有产业链条长、应用场景复杂、使用主体多元、涉及部门和领域多等特点，呈现出明显的新质生产力特征。

近年来，我国在政策层面对低空经济给予大力支持。党的二十届三中全会审议通过的《中共中央关于进一步全面深化改革　推进中国式现代化的决定》中专门提到"发展通用航空和低空经济"。2024年，低空经济首次被写入《政府工作报告》。工业和信息化部等4部门联合印发《通用航空装备创新应用实施方案（2024—2030年）》，多地政府也纷纷发布低空经济相关政策性文件。目前，全国已有几十个城市启动了低空经济的政策规划，积极布局，低空经济展现出巨大的经济潜力。

8.1.4　智能制造成为趋势

智能制造作为第四次工业革命的显著标志，不仅是生产自动化的延伸，更代表着一种全新的生产方式和产业形态。它通过深度融合大数据、人工智能、物联网等前沿技术，实现了生产过程的智能化、网络化和数字化，极大地提升了制造业的效率和质量。

随着全球化和信息技术的飞速发展，智能制造已成为推动工业转型升级的核心力量。发展智能制造是我国制造业创新升级的主攻方向。

推动智能制造与高端新材料制造紧密结合，对提升高端新材料制造能力、满足重大装备对高端新材料的需求具有重要意义。高端新材料制造技术和智能制造技术的交叉融合，将在未来几十年持续推动我国制造业的发展。

智能工厂作为实现智能制造的主要载体，是发展新质生产力、建设现代化产业体系的重要支撑。为了进一步推动智能工厂建设，我国启动2024年度智能工厂梯度培育行动，明确表示将构建智能工厂梯度培育体系。该行动通过分层分级，系统性、规模化地推进智能工厂建设，引导企业逐步提升智造水平。

8.1.5　中国企业加速出海

在全球经济增速放缓和市场竞争日益激烈的背景下，中国企业的海外布局正成为一种重要的发展战略。随着国内外环境的变化，"不出海，就出局"已成为许多中国企业的共识。

海关总署发布的数据显示，2024年我国货物贸易进出口总值达到43.85万亿元，同比增长5%。其中出口额达到25.45万亿元，同比增长7.1%；进口额达到18.39万亿元，同比增长2.3%。

从基建出海到技术出海，从产品出海到文化出海，我国企业的出海形式全面开花，绘制出"中国大航海时代"的新蓝图。部分出海企业如表8-1所示。

表8-1　部分出海企业

出海形式	代表企业
基建出海	中国石油、中远海运、中化、中国中铁、中国冶金科工等
产品出海	海尔、海信、美的、比亚迪、长城汽车等
质造出海	宁德时代、京东方、歌尔、隆基绿能等
技术出海	大疆、安克、科沃斯、影石等
平台出海	腾讯、抖音、拼多多、全球速卖通等
消费出海	海底捞、蜜雪冰城、霸王茶姬、名创优品、泡泡玛特等
服务出海	极兔速递、汇量科技、奇安信、飞书深诺等
文化出海	游戏科学、光线传媒、阅文集团、米哈游、三七互娱等

中国企业的出海，不再是简单的制造扩张或市场布局，而是以主动姿态深度介入全球价值链，成为全球分工体系的重要塑造者。未来，中国企业将在技术升级与服务创新的驱动下，引领全球分工向更高层次、更高价值迈进。

能力提升训练

　　商业热点往往反映了市场和社会的需求变化，与经济、政治、文化联系非常密切，每一年都各不相同。商业热点的变化影响着企业的战略决策和发展路径，也影响着个人的职业规划。

　　（1）今年你知道的商业热点有哪些？相较于前两年，哪个商业热点的热度持续时间较长？

　　（2）结合你的个人经历、专业背景以及兴趣爱好，说说你比较看好的商业热点。

8.2　人工智能+农业

作为国民经济的支柱产业，农业直接关系到国家粮食安全和民生福祉。随着全球气候变化的加剧，极端天气（如高温、洪水、干旱等）频发，加之农业劳动力短缺问题日益突出，传统农业模式面临着前所未有的挑战。

"人工智能+农业"这一新型生产模式不仅能够有效解决农业劳动力短缺问题，还在提高生产效率、优化资源配置、降低生产成本等方面展现出巨大的潜力，为农业的可持续和高质量发展开辟了新路径。

8.2.1 中粮集团：赋能农粮产业数智化转型，夯实粮食安全根基

中粮集团有限公司（以下称中粮集团）是与新中国同龄的中央直属大型国有企业，是中国农粮行业领军者，也是全球布局、全产业链的国际化大粮商。中粮集团以农粮为核心主业，聚焦粮、油、糖、棉、肉、乳等品类，同时涉足金融、地产领域。

多年来，中粮集团一直是保障国家粮食安全的中坚力量。面对新时代的变革，中粮集团积极响应国家对央国企的数字化转型战略部署，不断探索前沿科技，以建设"数智中粮"为目标持续深耕。

1. 以"中粮E云"构建数字化底座

2023年2月，"中粮E云"平台正式上线，为中粮集团数智化转型提供了安全可靠的数字化底座，具有重大意义。

（1）**降本增效**：中粮集团及其下属专业化公司通过"上云转轨"的方式，实现信创改造目标，提高了信创改造效率，减少了企业的经营成本，同时有助于更好地发挥中粮集团在农粮行业的引领作用，助推农粮行业数据共治共享。

（2）**助力乡村振兴**：将数字化理念、数字化技术渗透进农业、农村领域，直接为农村、农民提供基础的种植、金融、交易等服务，支撑国内农粮发展，助力乡村振兴。

（3）**建立新生态**：让数字化与农粮产业紧密结合并持续创新，建立新的农粮产业生态，更好地保障国家粮食安全，实现农粮产业高质量发展。

2. 以技术助力粮食智能收储

做好粮食的收储工作，始终是中粮集团工作的重中之重。中粮集团积极在全国优质粮食主产区进行战略布局和资源投入，利用科技赋能，打造智能化、绿色化的粮食储存体系。图8-3所示为中粮集团智慧仓储的工作场景。

图8-3　中粮集团智慧仓储的工作场景

（1）**粮食收获环节**：积极研发传感器、智能系统等新农具，助力收粮。

（2）**粮食储存环节**：应用自主控温式智能立体仓储技术，用低温留住粮食的"色香味"；引入智能控制和管理系统，实现仓库管理透明化、实时化、可视化等。

8.2.2 新希望乳业：实施"鲜战略"，建设全链条"鲜能力"

新希望乳业是一家从事乳制品及含乳饮料的研发、生产和销售的企业，主要产品包括液体乳、含乳饮料和奶粉等。在竞争激烈的乳业赛道中，新希望乳业始终将"新鲜"作为核心价值，通过不断深化"鲜战略"，提升"鲜能力"，构筑低温乳品领域的独特竞争优势。

1. 深化"鲜战略"

2010年，席刚出任新希望乳业总裁，洞察到乳品消费高端化趋势中的结构性细分机会后，正式提出"鲜战略"，旨在专注为用户提供更新鲜、更具活性、更有营养的乳制品。2015年，新希望乳业通过一系列并购举措，深入华东、华中、华北、西北等区域的市场，并完整布局产业链的上中下游。2021年，3.0版"鲜战略"应运而生。新希望乳业通过构建品类立体化、完善渠道立体化、推进品牌立体化，实现用户立体化，满足用户在多层级、多场景下的多元化新鲜营养需求。

2. 提升"鲜能力"

新希望乳业的"鲜能力"不仅体现在产品的创新上，更依赖于其强大的供应链体系和持续的数智化创新。图8-4所示为新希望乳业产品生产场景。

图8-4　新希望乳业产品生产场景

（1）卓越的供应链管理

新希望乳业深深明白供应链对于保持低温产品新鲜度的重要性，与国内优秀的技术企业合作，在冷链方面开发垂直模型，确保低温产品在整个物流过程中保持最佳状态。

以"24小时"系列产品为例，其背后是一套精密的供应链管理体系。

● **提前3小时下单**：确保生产计划的精准性，减少浪费。

● **每天0点灌装**：保证产品在最短时间内完成加工，最大限度保留营养成分。

● **早上8点送至终端**：快速配送机制确保用户能在一天伊始就享受到最新鲜的产品。

（2）数字化转型与人工智能应用

为了更好地支持"鲜战略"，新希望乳业积极进行数字化转型，并广泛应用人工智能，全面提升"鲜能力"。例如，新希望乳业打造智能化工厂，通过集成硬件与软件的数据，实现生产过程的智能化和精细化管理，提升效率和质量。

8.3 人工智能+制造

制造业作为现代经济的基石，反映了一个国家的工业化水平，也是衡量其综合国力和国际竞争力的重要指标。然而，当前我国制造业面临着技术更新缓慢等诸多挑战。在此背景下，"人工智能+制造"带来了新的机遇和可能性，有助于推动制造业降本增效，提高制造业产品质量，加速产品创新。

8.3.1 比亚迪：构筑整车智能闭环，决战新能源汽车"下半场"

1995年，王传福看好手机电池行业的巨大发展前景，成立了比亚迪。1999年，比亚迪开发出当时行业内领先的SC2100P大电流放电电池，镍镉电池产量达到1.5亿支，客户包括诺基亚、爱立信等。2003年，比亚迪宣布收购西安秦川汽车，正式进军汽车制造业。这一跨界之举在当时饱受质疑，但比亚迪仍坚定地踏上了这条道路。

1. 稳扎稳打，铸就电动化"上半场"

早在2018年，王传福便提出了新能源汽车"上、下半场"的概念。他精准判断，"上半场"的核心是电动化，而"下半场"则聚焦于智能化。2022年，比亚迪新能源汽车全球总销量超186万辆，比亚迪摘得全球新能源汽车销量冠军。2023年，比亚迪新能源汽车销量占全球新能源汽车总销量的1/5。

比亚迪能在新能源汽车领域领先，关键在于其对技术研发的持续投入和深耕。即便在利润大幅降低的日子里，比亚迪依然没有减少对研发的投入。这种坚持最终换来了技术的突破和市场的认可。易四方、云辇等一系列技术不断将比亚迪推向新的高度，也让其在新能源汽车"上半场"的电动化竞争中实现了断崖式领先。

2. 谋篇布局，角逐智能化"下半场"

如今，在"上半场"构筑起坚固技术壁垒的比亚迪，正全力投身于"下半场"的激烈角逐。

其实，在智能化方面，比亚迪早已进行布局。比亚迪智能驾驶团队从2021年便开始进行积累，至2024年，团队已经扩张至4000人，其中六七百人专注于规控硬件研发，约1000人投身于软件算法领域，其余人员负责工程化和测试工作。比亚迪智能驾驶团队人员规模远超行业平均水平，可见比亚迪在智能化研发中的决心。

一向强调"技术为王"的比亚迪，在智能化时代也提出了区别于其他汽车企业的"整车智能"的概念。璇玑架构正是比亚迪打通电动化与智能化，实现整车智能的重要一环。通过这一架构，比亚迪深度打通三电、底盘驾控、车身、智能座舱与智能驾驶等全域系统，构建起有机协同的全方位智能生态体系。

截至2024年，高阶智能驾驶辅助系统"天神之眼"已在腾势、仰望等品牌，以及王朝、海洋等车系上实现搭载，如腾势Z9GT已具备BAS 3.0+类人类驾驶辅助系统，采用端到端模型架构，搭载全国无图高快领航、自动泊车、AEB（Autonomous Emergency Braking，自动紧急制动）系统等先进智能驾驶技术。凭借卓越的技术实力，比亚迪L2级智能驾驶搭载量位居中国第一，并成为全国首家获得L3级测试牌照的汽车企业。

8.3.2　小米：人工智能全面赋能"人车家全生态"战略

小米成立于2010年4月，是一家以智能手机、智能硬件和物联网平台为核心的消费电子及智能制造公司。从创立之初，小米就始终秉持技术创新理念，不断拓展业务版图，构建起庞大且极具活力的智能生态。

1.　布局大模型

2023年，小米将人工智能置于战略核心，提出"深耕底层技术、长期持续投入、软硬深度融合、AI全面赋能"的发展原则。同年，小米成立大模型团队，以"轻量化、本地部署"为大模型技术主要突破方向，计划未来5年在12个技术领域、99个细分赛道投入1000亿元用于技术研发。经过不懈努力，小米第二代自研大模型取得阶段性重大成果。

2.　"人车家全生态"战略

2023年，小米再次在战略布局上迈出关键一步，正式宣布集团战略升级为"人车家全生态"。这一战略紧密围绕人的生活场景，创新性地将出行（车）、居住（家）以及个人智能设备使用串联起来，打破了传统场景间的孤立状态，旨在为用户提供全方位智能生活体验。

（1）技术支撑与融合

● **统一通信协议与数据标准：** 为实现众多设备无缝连接与协同工作，小米投入大量研发资源，建立统一通信协议与数据标准，确保不同类型、品牌设备能相互识别、通信。

● **智能体验深度优化：** 借助强大的人工智能和大数据技术，小米收集、分析用户行为数据、设备数据，让智能系统学习用户习惯与需求，提供个性化服务。

（2）多场景智能化应用

小米第二代自研大模型取得的进步和成果已经开始渗透到真实的业务场景与用户需求中，其不仅帮助企业内部解决了多样化的业务问题，实现了工作提效，也已经在澎湃OS、小爱同学、智能座舱、智能客服中应用。图8-5所示为小米道路大模型和"人车家全生态"场景建构效果图。

图8-5　小米道路大模型和"人车家全生态"场景建构效果图

8.3.3　三一重工：建设数智化"灯塔工厂"，引领行业转型升级

在全球制造业加速向数字化、智能化迈进的浪潮中，三一重工股份有限公司（以下称三一重工）作为中国重型装备领域的领军企业，以建设数智化"灯塔工厂"为核心，将互联网、物联网、大数据、人工智能等前沿技术与传统制造业深度融合，实现了数智化、低碳化的产业升级，引领着工程机械行业的创新发展。

截至2025年1月，三一重工已有33座"灯塔工厂"建成达产，其中北京桩机工厂是获得世界经济论坛认证的全球首家"灯塔工厂"，为全球制造业企业提供了可借鉴的智能制造与数字化发展方向。

在实施智能化改造前，北京桩机工厂存在劳动力密集、依赖人工经验、数据没有打通、生产柔性程度低等传统制造业痛点，难以及时响应市场需求。如何打通数据、根据市场需求制订生产计划、提高生产柔性程度、提升效率、让机器传承工匠技术，成为北京桩机工厂亟待解决的核心问题。

在实施智能化改造的过程中，北京桩机工厂从多维度发力。

（1）**搭建数字化转型基座**：部署工业互联网，构建全数字化的工厂控制中心。借助这一平台，实现对多要素的全方位管理与调度，达成从订单、计划到调度执行和控制的自动驱动与高效执行，全力打造自动化、数字化、智能化的5G"灯塔工厂"。

（2）**推进全厂智能生产线数字孪生建设**：针对"灯塔工厂"内的16条智能生产线进行产线级数字孪生映射制作，对每条生产线的工艺流程、重点设备、关键生产步骤进行流程化、结构化数字孪生建设，通过3D交互模式，对每条生产线的生产流程进行多层级式总揽管理。

（3）**建设柔性化生产线**：对传统生产线进行数智化升级，依托大数据及智能化设备，研发定制化生产控制系统。一条生产线可同时生产各类产品，实现多种产品混线生产，大幅提高生产线效率及工艺兼容性，真正实现"柔性智造"定制生产。

8.4　人工智能+服务

人工智能对于服务业的影响最贴近人们的日常生活，不仅能帮助企业平台变得更加智慧化，也能给人们带来更优质的服务。

8.4.1　美团：用科技研究商业，打造智慧生活服务平台

美团自2010年3月由王兴创立以来，从一个致力于提供本地生活优惠信息的平台，逐步成长为涵盖外卖、酒店、旅行等超过200个生活服务场景的综合零售平台。在10多年的发展历程中，美团始终致力于用科技改善人们的生活，其也凭借稳健的业务增长成为本地生活领域的领跑者。

美团成功的关键在于将科技创新作为企业发展的核心驱动力。通过智能配送调度系统、无人配送技术等一系列先进技术的应用，美团不断提升用户体验和服务效率。

1. 开发智能配送调度系统

即时配送看似简单，实则涉及复杂的数字计算和技术支持。美团每天处理超过4000万份订单，拥有80多万名骑手，服务于数百万名商家。为了确保平均配送时长不超过30分钟，美团开发了全球规模最大、最复杂的多人多点实时智能配送调度系统——美团超脑调度系统。高峰时段，该系统每小时路径计算次数高达29亿次，极大地提高了配送效率。

2. 探索无人配送技术

无人配送是美团科技战略中的一个重要组成部分，尤其是在提高整体配送效率和改善用户体验方面。截至2023年年底，美团无人机已在深圳、上海等地累计完成超过22万单配送任务，自动配送车在北京、深圳等城市完成了近400万单室外全场景配送。

3. 创新终端硬件

在终端硬件创新领域，美团同样成果斐然。智慧门店自动拣选系统，让商品拣选更加高效精准；骑手IoT（Internet of Things，物联网）穿戴设备，为骑手提供便捷通信与实时导航功能，保障配送安全；智能取餐柜，解决了外卖"最后一公里"的交付难题，为用户提供更加便捷的服务体验。

4. 布局通用人工智能

毕业于清华大学电子工程系的王兴对芯片、大模型等硬科技极为敏感，美团也因此早早就开始了对通用人工智能的战略布局。

（1）王兴捐赠近10%的股份成立"清华大学兴华基金"，用于高科技人才的培养。

（2）投资是美团布局前沿技术的重要手段。截至2024年2月底，美团在人工智能领域投资26次，主要集中在机器人、无人配送、自动驾驶、芯片及大模型等领域。

（3）美团通过收购光年之外、投资智谱等举措，深度布局半导体、大模型等领域。

2023年11月，美团推出首个人工智能交互产品"Wow"，全力打造年轻人专属的人工智能朋友社区。美团的人工智能广泛覆盖自然语言理解、知识图谱等10余个领域，积累了超70亿条用户数据、100亿张线上图片等海量有效数据，为人工智能服务能力的提升注入了强大动力。

8.4.2 拼多多："农云行动"助力电商西进，全国商品"拼上云端"

2015年9月，拼多多作为一家专注于C2B（Customer to Business，消费者到企业）拼团的社交电商平台上线。用户在朋友圈、微信群中分享拼团信息，邀请亲友共同参与，以更低的价格购买商品，这种独特的社交电商模式使得拼多多迅速崛起。

拼多多自成立以来就一直将农业视为核心战略。近年来，拼多多积极拥抱科技变革，把人工智能、大数据等技术深度融入农业产业链，致力于推动农业现代化进程，助力乡村振兴。2023年2月，拼多多启动"农云行动"，旨在集中投入优势资源，帮助全国100个农产带更快地"拼上云端"，打造更具韧性和竞争力的数字化农产带。

2023年9月，拼多多相继推出"西进行动"和"新质商家扶持计划"，作为"农云行动"当时的重点工作。针对西藏等偏远地区不在电商"包邮区"的难题，拼多多借鉴跨境业务分段式物流模式，采用"中转集运+平台兜底物流中转运费"的方案，打通电商、快递和消费者之间的"堵点"，构建可持续的产业链共赢生态，让偏远地区的消费者共享电商发展成果，推动优质商品直连偏远地区，助力西部消费振兴与生活改善。

"农地云拼"模式将分散的农业产能和需求在"云端"汇聚，实现了产销直连。"多多买菜"则匹配本地需求与周边供给，提升了农产品的流通效率。在推动数字农业变革的道路上，拼多多一手抓精准匹配，一手抓惠民助商，在丰富消费者米袋子、菜篮子、果盘子的同时，也助力增收致富。

8.4.3　顺丰：大模型多场景落地应用，深入布局智慧物流

顺丰控股股份有限公司（以下称顺丰）于1993年成立，主营业务为综合性快递物流服务，分为速运及大件业务、同城即时配送业务、供应链及国际业务三大类。经过多年的发展，顺丰在物流各环节与场景里沉淀了深厚的科技实力。

结合人工智能、大数据、运筹、数字孪生等前沿技术，顺丰不断探索智慧供应链的新进展，推出了两大关键模型——"丰知"物流决策大模型和"丰语"大语言模型，以应对不同层面的物流挑战。

1.　"丰知"物流决策大模型

2024年8月18日，顺丰推出了自主研发的"丰知"物流决策大模型。这一大模型旨在将大模型技术应用于物流供应链的智能化分析、销量预测、运输路线优化与包装优化等决策领域。"丰知"基于多模态大模型能力，构建了多层级、多通道的需求预测模型，能得出更精准的预测结果；同时，通过计算方式的改变减少了模型需求数量及资源消耗，提升了资源利用效率。

2.　"丰语"大语言模型

2024年9月8日，顺丰在深圳国际人工智能展上发布了物流行业的垂直领域大语言模型——"丰语"，并展示了其在顺丰的市场营销、客服、收派、国际关务等业务板块的20余个场景中的应用。

物流行业作为服务业的重要组成部分，从业人员的知识和经验储备直接关系到服务质量和运营效率。"丰语"能够基于对海量数据的深度学习，为从业人员提供精准、高效的解决方案。无论是在供应链预测、补货决策，还是在仓储管理、运输规划等场景中，"丰语"都能发挥重要作用，推动物流行业的智能化转型。"丰语"实现了以更小尺寸的模型对更大尺寸的通用模型在物流垂直领域的全面超越，充分体现了垂直领域大模型的意义与价值。

"丰知"和"丰语"两大模型的推出，不仅展示了顺丰在智慧物流领域的深厚积累和技术实力，也为物流行业的智能化转型提供了强有力的支持。

8.5　人工智能+医疗

医疗作为与人民群众的生活息息相关且技术需求迫切的应用场景之一，伴随着大模型技术的快速迭代发展，人工智能从服务流程、专科专病等维度，正以前所未有的速度和深度重塑医疗行业的面貌，优化患者的就医体验。

8.5.1 支付宝：AI健康管家打造智慧健康新生态

2024年9月5日，支付宝在"2024 Inclusion·外滩大会"上重磅发布了AI应用新产品——AI健康管家。这是一款基于支付宝自研多模态医疗大模型的创新产品，集成了寻医、问药、报告解读、医保政策解读等30多项功能，旨在切实解决用户在医疗健康领域面临的实际问题，围绕用户诊前、诊中、诊后的全流程以及非就医场景的泛健康问题，为用户提供全方位、智能化、个性化的体验。

AI健康管家具有以下显著特点。

（1）"一站式"服务

● **整合资源：**背靠支付宝，AI健康管家链接全国多家公立医院及各地卫生系统，广泛整合平台链接的庞大资源。

● **全流程服务：**提供从线上预约挂号、线下就诊陪诊到诊后医保报销等全流程服务，而非局限于个别环节。

（2）全流程服务体验

● **诊前：**针对用户的找医生、挂号等刚性、急迫需求，AI健康管家可根据病症描述、目标科室等从超过90万名医生中进行精准推荐，并提供问诊及挂号服务。

● **诊中：**结合相应医院的智能体，为用户提供数十项陪诊服务，如寻找科室、提醒叫号等。

● **诊后：**解读化验结果、体检报告等，并为用户生成重点内容，提醒用户复诊。

（3）问答即服务

AI健康管家不仅是一款问答产品，还能直接处理一些基础需求。例如，它依托服务于超6亿名医保用户的知识沉淀，解答医保异地就医、家庭成员使用医保账户余额等问题。

支付宝积极推动医疗及泛健康行业协同发展，宣布开放专业智能体协作生态，支持医疗大模型免费调用，并提供配套算力解决方案，携手医疗机构共同开发具备实际应用价值的智能体方案。此外，支付宝还计划投入超过1亿元的专项资金，助力医疗机构开发创新健康智能体方案，进一步探索人工智能在医疗场景中的更多应用的可能性，推动人工智能医疗技术的广泛应用与创新发展。

8.5.2 华大智造：创新智造引领生命科技

华大智造成立于2016年，秉承"创新智造引领生命科技"的理念，致力于成为生命科技核心工具缔造者，专注于生命科学与生物技术领域，以仪器设备、试剂耗材等相关产品的研发、生产和销售为主要业务，为精准医疗、精准农业和精准健康等行业提供实时、全景、全生命周期的生命数字化设备和系统。

华大智造的主要产品和服务分为三大板块：基因测序仪业务、实验室自动化业务和新业务。在基因测序仪业务上，华大智造建立了全系列多型号的基因测序仪产品矩阵，这些产品能满足不同场景的需求；在实验室自动化业务上，华大智造提供了一系列自动化样本处理系统和相关试剂耗材，提高了实验室的工作效率；除了传统业务，华大智造还在远程超声机器人等领域进行了布局，探索全方位生命数字化的可能性。

2024年，华大智造发布了国内首款自主无痛采血系统——Bloomics®一次性使用末梢采血系统，彻底重塑了人们的采血体验。通过AIGC技术和三维制作相结合的方式，华大智造精心打造了一部展示Bloomics®一次性使用末梢采血系统应用场景多样性的宣传影片，强调"采血无忧，智在臂得"的创意主题。影片通过4个不同场景的应用案例，展示了产品的便捷性和友好性，这4个场景分别是高山运动医学研究、居家老人健康守护、体育赛事健康监测以及夜晚工作人群的健康监测。图8-6所示为华大智造生产的部分产品。

图8-6　华大智造生产的部分产品

8.6　人工智能+风电

我国风电产业发展势头强劲，但面临优化控制、健康管理和辅助决策等技术挑战，在此情景下，人工智能的引入意义重大。人工智能为各环节的赋能，有望提升风电场整体性能，包括提高发电效率、增强设备可靠性、优化运维决策等，推动风电产业朝着高效、高质量方向发展，以更好地适应未来能源需求，实现可持续发展目标。

8.6.1　金风科技：新质生产力刮出新能源装备"新风"

金风科技成立于1998年，主营业务为大型风力发电机组生产、销售及风电场运营，是一家全球领先的风电公司。

风电整机生产相较于汽车、船舶等生产，自动化和智能化程度较低，对人工依赖较为严重，风电产业在自动化、智能化的过程中也缺乏相应软硬件支持。鉴于风电产业越来越高的机组装配质量要求、对基础数据分析及追溯的要求及机组降低成本的要求，对装配作业工厂的自动化、智能化装配设备的需求逐渐增强。

金风科技紧跟时代步伐，积极投身数字化转型，尤其是在人工智能领域取得了显著成果。金风科技将人工智能应用于以下五大关键场景，展现出其战略远见与强大的技术实力。

（1）**图像识别**：自2019年起，金风科技在图像识别领域取得重要突破。利用无人机搭载红外和可见光相机，对光伏电站进行高效巡检，能够快速、精准地定位并识别热斑、遮挡和二极管故障等问题。同时，在风机的测风塔上安装云台相机，实现对叶片的实时监测，以有效识别结冰、断裂和裂纹等潜在风险。

（2）**智能故障解析专家系统**：金风科技推出的智能故障解析专家系统，能够将非结构化的文档数据转化为结构化知识，并提供语音和文字查询功能。该系统的应用范围不断拓展，已涵盖智慧园区、售前、售后、商业情报和数字员工等多个领域。

（3）**声纹诊断：** 金风科技将声纹诊断作为叶片诊断的辅助手段。尽管声纹诊断在准确性上仍有提升空间，但其简便易行、对环境要求低的特点，使其成为一种具有独特价值的补充工具，为叶片故障诊断提供了更多维度的参考。

（4）**专利标引分类检测工具：** 该工具能帮助专利人员自动划分和呈现全球范围内的新能源相关专利，这大大减轻了专利人员的工作负担，提高了工作效率。

（5）**人工智能技术的工程化和平台化：** 金风科技建立了人工智能工程平台和应用研究院，通过流水线化的工作流程和知识经验的积累与整合，成功提升了60%以上的人工智能应用开发和规模化交付效率。

8.6.2 东方电气：联箱"数制·智联"工厂铸就电力"脊梁"

中国东方电气集团有限公司（以下称东方电气）成长于三线建设时期，凭借一系列"从0到1"的突破，成为中国能源装备的中流砥柱。如今，全国每4千瓦·时电就有1千瓦·时电来自东方电气生产的装备。面对新的发展机遇与挑战，"十四五"以来，东方电气以智能制造为主攻方向，加快数字化发展，推进数字化转型。

联箱"数制·智联"工厂是由东方研究院与东方锅炉共同制定的数字化转型顶层规划，也是东方研究院服务集团主业，助推其数字化转型的生动案例。联箱"数制·智联"工厂采用了一系列先进技术。

（1）**先进工艺：** 保证生产过程中的高效、稳定。

（2）**智慧物流：** 自动料仓和自动化物流系统协调生产，减少中间管理环节，降低人工成本。

（3）**智能堆垛：** 由堆垛机器人完成原材料的自动处理。

（4）**排产计划：** 高级生产计划与排程（Advanced Planning and Scheduling，APS）系统能均衡工序负荷，自动生成详细排产计划。

（5）**数字孪生：** 构建虚拟模型，辅助优化生产流程。

（6）**集中控制：** 集中控制系统，确保各环节顺畅运行。

（7）**数据驱动：** 以MOM系统作为"大脑"，SCADA系统作为"神经"，自动化产线作为"四肢"，实现了全流程数据贯通。

这些技术的应用使得原材料从智能料库沿辊道输送线自动到达备料线，再由各备料线按生产工单自动加工成型，最后由AGV（Automated Guided Vehicle，自动导向车）自动接驳转运至立体成品库，整个过程高度智能化，效率极高。

联箱"数制·智联"工厂在绿色化方面也取得了显著成效。工厂建设完成后，车间设备数字化率提升至96%，设备联网率提升至91%，行车起吊频次减少约5000次/年，产品生产效率提升5%以上，生产成本降低约20%，碳排放减少20%以上，为电力装备产品的绿色化和低碳化提供了坚实支撑。

图8-7所示为东方电气联箱"数制·智联"工厂的工作场景。联箱"数制·智联"工厂的成功建设，不仅展示了东方电气在智能制造领域的卓越成就，也为其他制造业企业提供了宝贵的经验。

图8-7　东方电气联箱"数制·智联"工厂的工作场景

 本章实训

在AI快速发展的时代，AI在各领域广泛应用，大学生需要快速提升应用AI的能力，以增强创新思维能力和就业、创业竞争力。

1. 你知道的AI工具有哪些？自主探索各类AI工具，并填写表8-2，详细填写每个AI工具的特点，通过实际操作和对比分析，加深对不同AI工具的理解。

表8-2　AI工具

类型	AI工具	特点
文本生成		
图像创作		
视频生成		
数据分析		

2. 以小组为单位，收集AI在各个行业、各个细分领域成功应用的案例，每个小组选择一个典型案例进行深入分析，并在班级内进行分享。

本小组选择的是＿＿＿＿＿＿行业的＿＿＿＿＿＿领域的＿＿＿＿＿＿案例。

探讨AI在本案例中的应用思路、解决的问题以及取得的成效。

＿＿

＿＿

＿＿

3. 各个小组围绕所学专业特点，讨论AI在自己所学专业领域的应用可能性和潜在价值。每个小组推选一名代表进行发言，分享小组讨论成果。其他小组可进行提问交流，共同探索AI在不同专业领域的应用路径。

＿＿

　　4. 各个小组结合自身专业知识和兴趣，确定AI应用项目。项目可以是全新的，也可以沿用前面每章实训中的项目，但需要充分运用AI进行赋能。项目应具有一定的创新性和实际应用价值，明确项目目标、预期成果和实施计划。

　　经过多章实训，想必你的项目已经趋于成熟，或许你正渴望大显身手。接下来，你可以进一步打磨和完善自己的项目，准备就绪后，积极报名参加各类创新创业大赛。这不仅能吸引更多关注，还能使你从中获取宝贵资源与经验。随后，你要迎接市场的真正考验，让自己的项目在实际应用中绽放光彩。

延伸阅读与思考

DeepSeek：用AI探索未知和引领未来

　　2025年1月27日，美国股市开盘即大幅下跌，科技板块损失尤为惨重。市场分析认为，核心原因是中国AI初创公司DeepSeek的最新突破动摇了美国科技行业的地位。

　　DeepSeek，全称杭州深度求索人工智能基础技术研究有限公司，成立于2023年7月，是一家创新型科技公司，专注于开发先进的大语言模型和相关技术。DeepSeek总部位于杭州，是由中国知名私募巨头幻方量化创立的AI公司，其使命是"让AGI成为现实"（Make AGI a Reality）。

　　自成立以来，DeepSeek在短时间内便取得了令人瞩目的成就。

　　2023年11月2日，DeepSeek发布首个开源代码大模型DeepSeek Coder，该模型支持多种编程语言的代码生成、调试和数据分析任务，为开发者提供了有力的工具。

　　2023年11月29日，DeepSeek推出参数规模达670亿的通用大模型DeepSeek LLM，包括7B和67B的base及chat版本，展示出其在大模型领域的技术实力。

　　2024年5月7日，DeepSeek发布第二代开源混合专家（MoE）模型DeepSeek-V2，总参数达2360亿，并且将推理成本降至每百万token仅1元人民币，在降低成本方面取得重要突破。

　　2024年12月26日，DeepSeek发布DeepSeek-V3，总参数达6710亿，采用创新的MoE架构和FP8混合精度训练，训练成本仅为557.6万美元，推理成本仅为行业主流大模型的1/10，这再次展现了其在大模型训练上的成本优势。

　　2025年1月20日，DeepSeek发布新一代推理模型DeepSeek-R1。该模型在技术上实现了重要突破——用纯深度学习的方法让AI自发涌现出推理能力，在数学、代码、自然语言推理等任务上，其性能比肩OpenAI的o1模型正式版。该模型同时延续了高性价比的优势，训练成本仅为560万美元，远远低于OpenAI、谷歌、Meta等美国科技巨头在AI训练上投入的数亿美元乃至数十亿美元。DeepSeek-R1不仅在性能上与OpenAI的o1模型旗鼓相当，还实现了开源，这一举措极大地降低了用户的使用门槛，吸引了全球大量开发者和研究人员的关注与使用，促进了AI开发者社区的协作生态。

截至2025年2月1日，DeepSeek已在140个市场的移动应用下载榜上位居榜首，超越了Google Gemini和Microsoft Copilot等产品，取得了优异成绩。DeepSeek的崛起，不仅是技术的胜利，更是团队精神和创新文化的胜利。梁文锋和他的团队用实际行动证明，只要有梦想、有技术、有拼搏精神，就能在AI的世界里闯出一片天地。

DeepSeek的创始人梁文锋毕业于浙江大学信息与通信工程专业，以低调务实著称，他坚信技术的普及和创新比短期利益更重要，DeepSeek的目标始终是通过低成本策略推动AI的广泛应用。

在组织架构上，DeepSeek通过扁平化架构、自建数据中心、顶尖人才战略，形成远超谷歌等巨头的创新速度。研究团队是DeepSeek的核心竞争力，DeepSeek研究团队的成员非常年轻，核心成员大多是刚毕业的学生或处于AI职业生涯早期的专业人士，他们在大模型、多模态、超级对齐等核心领域深入钻研，全力构建安全、可靠、可扩展的技术体系，这使得DeepSeek模型性能出色、成本低得惊人，也使得公司始终保持着创新的活力。

问题

1. DeepSeek的开源策略在降低成本、促进创新和确保安全方面具有明显优势，但也面临着知识产权保护和社会秩序维护的挑战。有人认为，开源与闭源之争，实质上是不同商业模式的竞争，你对此如何理解？

2. DeepSeek解决了AI行业的哪些痛点问题？在实际应用场景中，DeepSeek又将如何赋能其他领域的创新发展？